国家中等职业教育改革发展示范学校建设项目成果系列教材

数字电路分析与制作

蒙俊健　谈文洁　主编
张志勇　钟育新　副主编
唐红宾　主审

科　学　出　版　社

北　京

内 容 简 介

本书是中等职业学校电子技术应用专业课程改革配套教材,全书以"项目-任务"模块式结构介绍了数字电路的基本内容,分为 8 个项目共 23 个学习任务,每个项目和任务都具有较强的实际操作性。通过典型、实用的操作项目让学生在做中学,渐进式加深理解和巩固知识点,逐步提高学生的电子技术应用能力和操作技能。全书的项目包括声光控节能灯的制作、产品质量判别电路的制作、抢答器的制作、电动机运行故障监测报警电路的制作、电子生日蜡烛电路的制作、数字电子钟的制作、叮咚门铃的制作和数字万用表的制作。

本书既可以作为中等职业学校电类专业的教学用书,也可供广大电子爱好者参考和学习。

图书在版编目(CIP)数据

数字电路分析与制作/蒙俊健,谈文洁主编. —北京:科学出版社,2014
(国家中等职业教育改革发展示范学校建设项目成果系列教材)
ISBN 978-7-03-040754-2

Ⅰ.①数… Ⅱ.①蒙…②谈… Ⅲ.①数字电路-电路分析-中等职业教育-教材 Ⅳ.①TN79

中国版本图书馆 CIP 数据核字(2014)第 111222 号

责任编辑:刘思佳 / 责任校对:马英菊
责任印制:吕春珉 / 封面设计:耕者设计工作室

科学出版社 出版
北京东黄城根北街 16 号
邮政编码:100717
http://www.sciencep.com

北京京华虎彩印刷有限公司 印刷
科学出版社发行 各地新华书店经销

*

2014 年 8 月第 一 版 开本:787×1092 1/16
2016 年 1 月第二次印刷 印张:14 1/4
字数:332 000
定价:**34.00 元**
(如有印装质量问题,我社负责调换〈京华虎彩〉)
销售部电话 010-62136131 编辑部电话 010-62137026(BA08)

前　　言

　　项目课程"数字电路分析与制作"是中等职业学校电子类专业的一门重要专业基础课。通过本课程的学习,使学生具备电子技术专业相关工作所必需的电子基本理论知识和相关技能。为后续学习及从事本专业工作打下良好基础。

　　本教材的编写以学生就业为导向,以培养学生从事本专业职业岗位中的电子产品安装、检测、调试工作所必需的专业核心能力为目标,将工作过程所需要的理论知识融入真实的教学项目,有针对性地组织了基于工作过程的项目教学内容,让学生在"做中学",老师在"做中教",真正体现"以能力为本位,以职业实践为主线,以工作过程为导向"的职业教育理念。全书分为 8 个项目,每个项目结构的形式如下图所示:

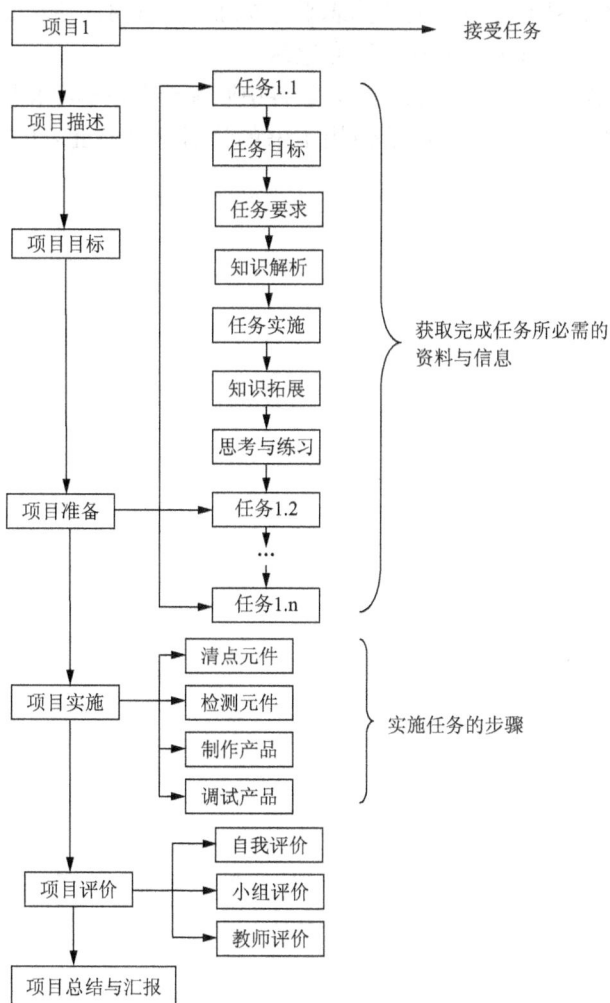

本教材的特点是：

1. 采用"项目—任务"模块式结构，每个项目由若干个任务组成。

2. 以制作真实、实用的电子小产品为项目载体，以完成项目所需要的典型单元电路的安装为任务，让学生在完成工作项目（任务）中学习知识，有效地将"教、学、做"融为一体。

3. 教材结构体现了工作过程的完整性和系统化。

4. 教材内容选择按照"必须、够用"原则，删除了单纯的理论推导，保留了基本的、基础的教学内容，符合中职学校学生学习心理的规律。

5. 教材在电子制作方面选择实用的产品，通过理论联系实际，让学生完成任务后能看到自己的学习成就，从而激发学生的学习兴趣和热情。

本书由广西机电工业学校蒙俊健、谈文洁任主编，负责全书的组织编写和统稿，张志勇、钟育新任副主编、罗有光、陈瓒贤、李莉参与编写。由唐红宾担任本书的主审，冠捷显示科技有限公司钟小鑫、凤良宇，广西三诺电子有限公司吕维荣、北海市景光电子有限公司黄刚，南宁艾斯伦科技有限责任公司陈志平等参加了本教材的研究工作，并对本书的编写提出了许多宝贵意见，在此一并表示衷心感谢！

由于项目化课程是一种全新的教学形式，各中职院校都在学习和摸索中，加之编者水平有限，书中难免出现疏漏及缺点，请使用本书的读者批评指正，也希望大家多提宝贵意见。

目　　录

项目 1　声光控制灯电路的制作

项　目　描　述

当代社会提倡节能。随着电子技术的发展,尤其是数字电子技术的发展,用数字电路实现的声光控制灯电路已在人们日常生活中得到广泛应用。本项目要求制作一个声光控制灯电路。它不需要触点开关,当有人经过并发出声音时会自动点亮,经过一段时间后灯又会自动熄灭。它被广泛应用于走廊、楼道、招待所等公共场所,给人们的生活、工作带来极大的方便,并大大地节省了能源。

项　目　目　标

知识目标
- 掌握基本逻辑门电路的逻辑功能;
- 掌握项目中各元器件的符号;
- 理解声光控制灯电路的工作过程。

技能目标
- 能认识、检测及选用元器件;
- 能制作和调试声光控制灯电路。

任务 1.1　数字集成电路的识别和检测

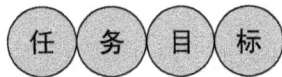

1. 能了解模拟电路与数字电路的区别。
2. 能借助资料读懂集成门电路的型号，识别引脚及明确引脚的功能。
3. 能用万用表检测集成门电路。

根据实验室给出的数字集成电路，按任务实施步骤来识别和检测数字集成电路。

1.1.1　数字电路的基本概念

1.1.1.1　模拟信号和数字信号

模拟信号是指在时间上连续变化的信号，如正弦波信号、音频信号就是典型的模拟信号。图 1-1 所示为其信号波形。

数字信号是指随时间断续变化的信号。一般地说，数字信号是在两个稳定状态之间阶跃式变化的信号，或者说数字信号是规范化了的矩形脉冲信号，如图 1-2 所示。

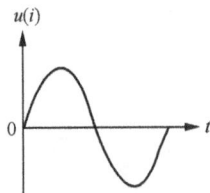

图 1-1　模拟信号

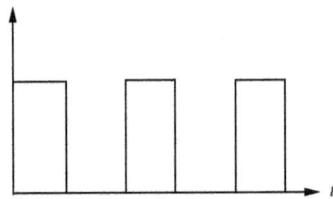

图 1-2　数字信号

1.1.1.2 数字信号的表示方法

为了便于数字信号的处理,在数字电子技术中,数字信号只取 0 和 1 两个基本数码,反映在电路中可对应为低电平与高电平两种状态。

1.1.1.3 数字电路的特点

① 由于数字电路是以二值数字逻辑为基础,仅有 0 和 1 两个基本数码,可用半导体二极管、三极管的导通和截止这两种相反状态来实现。

② 由数字电路构成的数字系统工作可靠,精度较高,抗干扰能力强。

③ 数字电路不仅能完成数值运算,而且能进行逻辑判断和运算,这在控制系统中是不可缺少的。

④ 数字信息便于长期保存。

1.1.2 数字集成电路

1.1.2.1 分类

数字集成逻辑门电路主要有 TTL 和 CMOS 两大类,它是数字电路中应用十分广泛的一种器件。

1) TTL 门电路

TTL 门电路是晶体管-晶体管逻辑门电路的简称,是一种双极型集成电路,与分立元件相比,具有速度快、可靠性高和微型化等优点。TTL 集成电路产品型号较多,现主要有74 标准(中速)、74H 高速、74S 肖特基(超高速)、74LS 低功耗肖特基和74AS 先进的肖特基等系列,74LS 系列为现代主要应用产品。由于其生产工艺成熟,产品参数稳定,工作可靠,开关速度高而被广泛应用。国外生产的 TTL 集成电路只要型号一致,则其功能、性能、引脚排列和封装形式就统一。

2) CMOS 门电路

CMOS 集成逻辑门电路是以金属-氧化物-半导体场效应管为基础的集成门电路,是一种单极型集成电路。CMOS 集成门电路系列较多,现主要有 4000(普通)、74HC(高速)、74HCT(与 TTL 兼容)等产品系列,其中 4000 系列品种多、功能全,现仍被广泛使用。CMOS 电路的主要优点是微功耗、抗干扰能力很强、电源电压范围宽、输入阻抗高。

由于功耗低,CMOS 电路易于实现大规模集成,并广泛应用于由电池供电的设备中,例如手持计算器和数字万用表等。CMOS 电路的缺点是工作速度比 TTL 电路低,若防护措施不当,很容易因静电荷而被烧毁。

1.1.2.2 引脚的识别

使用集成电路前,必须认真查对识别集成电路的引脚,确认电源、地、输入、输出、控制等端的引脚号,以免因接错而损坏器件。引脚排列的一般规律如下。

圆形集成电路:识别时,面向引脚正视,从定位销顺时针方向依次为 1,2,3,…,如

图 1-3(a)所示。圆形多用于集成运放等电路。

扁平和双列直插型集成电路:识别时,将文字符号标记正放(一般集成电路上有一圆点或有一缺口,将圆点或缺口置于左方),由顶部俯视,从左下脚起,按逆时针方向数,依次1,2,3,…,如图 1-3(b)所示。扁平型多用于数字集成电路。双列直插型广泛用于模拟和数字集成电路。

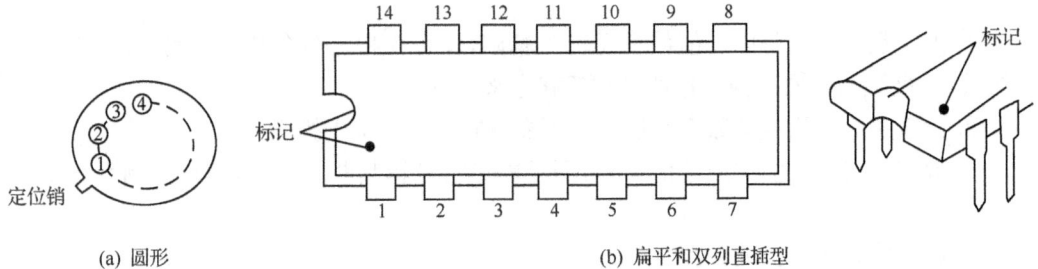

(a) 圆形　　　　　　　　　　　　(b) 扁平和双列直插型

图 1-3　集成电路引脚的识别

1.1.2.3　检测

1) TTL 门电路电源引脚的判别

一般有型号的门电路,可以较为方便地判断其正、反面,有文字、型号或标志的为正面,若有型号再有相关资料时可以根据资料判别电源引脚。若无任何标志,则可以用万用表进行检测判别电源引脚。选择万用表的 $R\times 1k$ 欧姆挡。将红表笔、黑表笔分别接于对边角的两个引脚测量阻值,然后更换表笔再测量一次。一般来说,一次测量阻值为十几千欧,另一次为几千欧,则阻值较大那次,黑表笔接的一端为电源正极,红表笔接的一端为地。

2) CMOS 门电路电源引脚的判别

CMOS 与非门较常见的为双列 14 脚,一般 7 脚接 V_{SS}(电源负极),第 14 脚接 V_{DD}(电源正极)。

1.1.3　逻辑代数

逻辑代数又称开关代数或布尔代数,是按一定逻辑规律运算的代数,是分析数字电路的数学基础。

1.1.3.1　逻辑变量

逻辑代数中的变量称为逻辑变量,和普通代数一样,也用字母表示,但其取值只有0、1 两种。这里的 0、1 并不表示数量大小,只表示对立的两种逻辑状态,如电平的高、低,晶体管的导通、截止,事件的真、假等。因此,通常把 1 称为逻辑 1,0 称为逻辑 0。

根据高低电平与逻辑 1、0 的对应关系,数字信号有两种逻辑:

正逻辑——高电平为逻辑 1,低电平为逻辑 0;

负逻辑——低电平为逻辑 1,高电平为逻辑 0。

同一逻辑电路,既可用正逻辑表示,也可用负逻辑表示。在本书中,只要未做特别说明,均采用正逻辑。

　　一个逻辑变量有 2(即 2^1)种取值组合,即 0 和 1;二变量有 4(即 2^2)种组合,即 00、01、10、11;三个逻辑变量有 8(即 2^3)种取值组合,即 000、001、010、011、100、101、110、111;以此类推,n 个逻辑变量有 2^n 种取值组合。

1.1.3.2　逻辑代数的表示方法

逻辑代数有多种表示形式,常见的有逻辑表达式、真值表、逻辑图和时序图。

1) 逻辑表达式

把输出逻辑变量表示成输入逻辑变量运算组合的函数式,称为逻辑函数表达式,简称逻辑表达式。

2) 真值表

把输入逻辑变量的各种取值和相应函数值列在一起而组成的表格称为真值表。

3) 逻辑图

在逻辑电路中,并不要求画出具体电路,而是采用一个特定的符号表示基本单元电路,这种用来表示基本单元电路的符号称为逻辑符号。用逻辑符号表示逻辑电路的电原理图,称为逻辑图。

4) 时序图

把一个逻辑电路的输入变量的波形和输出变量的波形,依时间顺序画出来的图称为时序图,又称波形图。

（任　务　实　施）

1. 查阅资料,识读图 1-4 所示集成门电路 74LS00、74LS02、CD4011、CD4000。

(1) 完成每个集成电路的引脚示意图。

(a) 74LS00引脚排列示意图   (b) 74LS02引脚排列示意图

(c) CD4011引脚排列示意图   (d) CD4000引脚排列示意图

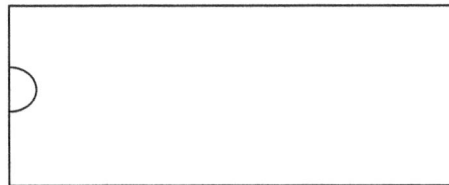

图 1-4　集成门电路的引脚排列示意图

（2）写出每个集成电路的功能。

74LS00：_____；

74LS02：_____；

CD4011：_____；

CD4000：_____。

（3）用万用表 $R×1k$ 挡，黑表笔接⑦脚，红表笔依次接①～⑥及⑧～⑬脚测每个集成电路的电阻值，填入表 1-1 中。

表 1-1　引脚测量数据表

引脚号	①	②	③	④	⑤	⑥	⑧	⑨	⑩	⑪	⑫	⑬
74LS00												
74LS02												
CD4011												
CD4000												

2. 完成图 1-5 所示的 74LS00 和 CD4000 的内部框图。

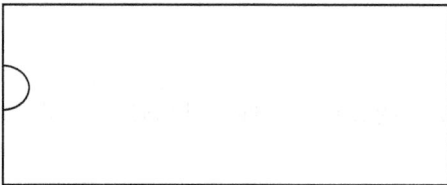

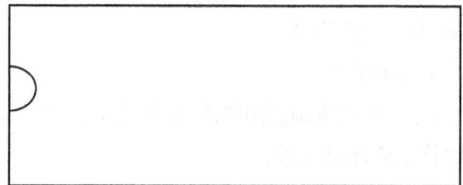

(a) 74LS00内部框图　　　　　　　　　　(b) CD4000内部框图

图 1-5　74LS00 和 CD4000 的内部框图

知　识　拓　展

集成电路的封装和型号

1. 封装

常见集成电路（IC）芯片的封装如表 1-2 所示。

表 1-2　常见集成电路的封装

外形	封装	说明
	金属圆形封装	最初的芯片封装形式。引脚不超过 12。散热好，价格高，屏蔽性能良好，主要用于高档产品
	塑料 ZIP 型封装（PZIP）	引脚不超过 16。散热性能好，多用于大功率器件

续表

外形	封装	说明
	单列直插式封装（SIP）	引脚中心距通常为 2.54mm，引脚不超过 23，多数为定制产品。造价低且安装便宜，广泛用于民品
	双列直插式封装（DIP）	绝大多数中小规模 IC 均采用这种封装形式，其引脚数一般不超过 100 个。适合在 PCB 板上插孔焊接，操作方便。塑封 DIP 应用最广泛
	双列表面安装式封装（SOP）	引脚有 J 形和 L 形两种形式，中心距一般分 1.27mm 和 0.8mm 两种，引脚不超过 32。体积小，是最普及的表面贴片封装
	塑料方型扁平式封装（PQFP）	芯片引脚之间距离很小，管脚很细，一般大规模或超大型集成电路都采用这种封装形式，其引脚数一般在 100 个以上。适用于高频线路，一般采用 SMT 技术在 PCB 板上安装
	插针网格阵列封装（PGA）	插装型封装之一，其底面的垂直引脚呈阵列状排列，一般要通过插座与 PCB 板连接。引脚中心距通常为 2.54mm，引脚数从 64 到 447 左右。插拔操作方便，可靠性高，可适应更高的频率
	球栅阵列封装（BGA）	表面贴装型封装之一，其底面按阵列方式制作出球形凸点用以代替引脚。适应频率超过 100MHz，I/O 引脚数大于 208Pin。电热性能好，信号传输延迟小，可靠性高

2. 常用数字集成芯片的型号及功能

1）TTL 数字集成芯片

常用 74LSXX 系列集成芯片型号及功能如表 1-3 所示。

表 1-3 常用 74LSXX 系列集成芯片型号及功能

功能	集成芯片型号	功能	集成芯片型号
同步十进制计数器	74LS160/162	双 2 线—4 线译码器	74LS139/155/156
同步十进制加/减计数器	74LS168/190/192	BCD7 段译码器	74LS48/49/247/248
同步 4 位二进制计数器	74LS161/163	8 线—1 线数据选择器	74LS151
同步 4 位二进制加/减计数器	74LS169/191/193	双 4 线—1 线数据选择器	74LS153/253/353
二—五混合进制计数器	74LS196/290	16 线—1 线数据选择器	74LS150

功能	集成芯片型号	功能	集成芯片型号
4 位二进制计数器	74LS177/197/293	双 D 触发器	74LS74
双 4 位二进制计数器	74LS393	双 JK 触发器	74LS112/114/113/73
4 线—16 线译码器	74LS154	4 位算术逻辑单元	74LS381/181
4 线—10 线译码器	74LS42	六反相器	74LS04
3 线—8 线译码器	74LS138	四 2 输入与非门(OC 门)	74LS03

2）CMOS 数字集成电路标准系列——4000 系列

常用 4000 系列集成芯片的型号与功能如表 1-4 所示。

表 1-4　常用 4000 系列集成芯片型号及功能

集成芯片型号	功能	集成芯片型号	功能
400B	4 位二进制并行进位全加器	4049UB	六反相缓冲/变换器
4009UB	六反相缓冲/变换器	4060B	14 位二进制计数/分配器
4011B/UB	四 2 输入与非门	4066B	四双向模拟开关
4012B/UB	双四输入与非门	4071B	四 2 输入或门
4013B	双 D 触发器	4076B	4 位 D 寄存器
4017B	十进制计数/分配器	4081B	四 2 输入与门
4023B/UB	三 3 输入与非门	4098B	双、单稳态触发器
4026B	十进制计数器/7 段译码器	40110	十进制加/减计数器/七段译码器
4027B	双 JK 触发器	40147	10 线—4 线编码器
4046B	锁相环	4033B	十进制计数器/七段译码器
40160/162	可预置 BCD 计数器	40192	可预置 BCD 加/减计数器
40161/163	可预置 4 位二进制计数器	40193	可预置 4 位二进制加/减计数器
40174	六 D 触发器	40194/195	4 位并入/串入—并出/串出移位寄存器
40175	四 D 触发器	40104B	4 位双向移位寄存器

思考与练习

1. 填空题

（1）一个逻辑变量有两种取值组合，5 个逻辑变量应有＿＿＿＿＿＿种取值组合。如有 n 个逻辑变量，则应有＿＿＿＿＿＿种取值组合。

（2）逻辑函数有多种表示形式，常见的有＿＿＿＿、＿＿＿＿、＿＿＿＿和＿＿＿＿。

（3）逻辑变量的取值有＿＿＿＿和＿＿＿＿两种。

（4）常用集成逻辑门电路主要有＿＿＿＿＿＿和＿＿＿＿＿＿两大类。

2. 判断题

(1) 负逻辑规定：逻辑 1 代表低电平，逻辑 0 代表高电平。 （ ）

(2) 数字电路中：高电平和低电平表示一定的电压范围，不是一个固定不变的数字。

（ ）

3. 选择题

(1) 模拟信号为（ ）。

A. 随时间连续变化的电信号　B. 随时间不连续变化的电信号

C. 持续时间短暂的脉冲信号

(2) 数字信号为（ ）。

A. 随时间连续变化的电信号　B. 脉冲信号　C. 直流信号

(3) 正逻辑是指（ ）。

A. 高电平用"1"表示，低电平用"0"表示

B. 高电平用"0"表示，低电平用"1"表示

C. 高电平用"1"表示，低电平用"1"表示

D. 高电平用"0"表示，低电平用"0"表示

4. 综合题

(1) 数字信号和模拟信号有什么区别？

(2) 认识如图 1-6 所示的数字集成电路，标注集成电路的引脚顺序和功能。

74LS32　　　　　　　CD4060B

图 1-6　74LS32 和 CD4060B 的数字集成电路

任务 1.2　逻辑门电路逻辑功能的分析与测试

任 务 目 标

1. 能掌握基本逻辑门的符号、表达式及功能。

2. 能测试基本门电路的逻辑功能并能对数据进行分析。

任 务 要 求

用实验室提供的数字逻辑实验箱，按任务实施步骤测试逻辑门电路的功能。

知　识　解　析

1.2.1　基本逻辑电路

1.2.1.1　与门电路

1）与逻辑

如果决定某事件成立（或发生）的诸个原因（或条件）都具备，事件才发生；而只要其中一个条件不具备，事件就不能发生。这种逻辑关系称为与逻辑关系。

图 1-7 所示电路中，只有两个开关 A 和 B 都闭合，电灯才能亮；只要有一个开关未闭合，电灯就不会亮。这两个开关闭合（条件）与电灯亮（结果）之间就构成了与逻辑关系。

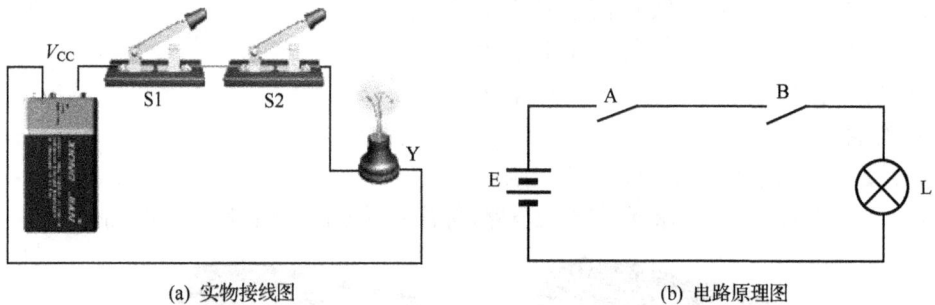

(a) 实物接线图　　　　　　　　　　(b) 电路原理图

图 1-7　与逻辑关系电路图

2）真值表

如果用"1"表示开关闭合，灯亮；用"0"表示开关断开，灯不亮。将条件与结果之间的逻辑关系列于表 1-5 中，这种反映逻辑关系的表格称为真值表。

表 1-5　与逻辑真值表

A	B	Y
0	0	0
0	1	0
1	0	0
1	1	1

由表 1-5 可看出与逻辑功能为："有 0 出 0，全 1 出 1"。

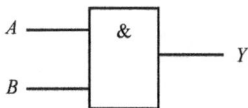

图 1-8　与门电路逻辑符号

3）逻辑符号

图 1-8 所示为两个输入端的与门电路逻辑符号。

4）逻辑表达式

与门电路的逻辑表达式为

$$Y = A \cdot B = AB \qquad (1\text{-}1)$$

1.2.1.2　或门电路

1）或逻辑

如果决定某事件成立（或发生）的诸原因（或条件）中，只需要具备其中一个条件，事件就会发生；而所有的条件均不具备时，事件才不能发生。这种逻辑关系称为或逻辑关系。

图1-9所示电路中，只要开关A或B闭合，电灯就会亮；只有全部开关都断开，电灯才不会亮。这两个开关闭合（条件）与电灯亮（结果）之间就构成了或逻辑关系。

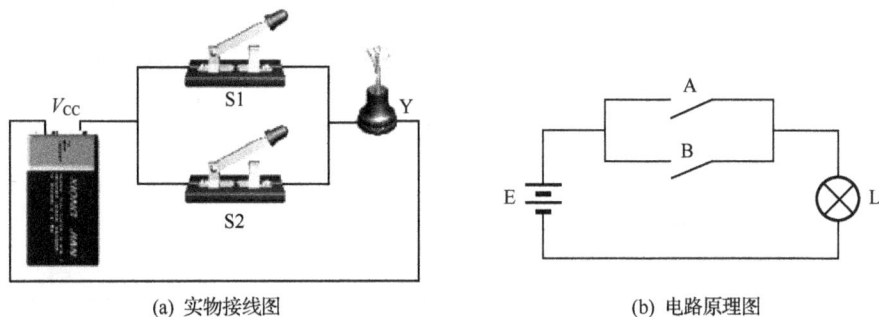

(a) 实物接线图　　　　　　　　　　　　　　　(b) 电路原理图

图1-9　或逻辑关系电路图

2）真值表

或逻辑的真值表见表1-6。

表 1-6　或逻辑真值表

A	B	Y
0	0	0
0	1	1
1	0	1
1	1	1

由表1-6可看出或逻辑功能为："有1出1，全0出0"。

3）逻辑符号

图1-10所示为两个输入端的或门电路逻辑符号。

4）逻辑表达式

或门电路的逻辑表达式为

$$Y = A + B \tag{1-2}$$

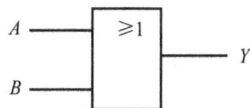

图1-10　或门电路逻辑符号

1.2.1.3　非门电路

1）非逻辑

如果决定某事件成立（或发生）的原因（或条件）只有一个，该条件具备，事件就不发生；该条件不具备，事件就发生。这种逻辑关系称为非逻辑关系。

如图1-11所示电路，开关A闭合，电灯就不亮；开关A断开，电灯就亮。这一个开关闭合(条件)与电灯亮(结果)之间就构成了非逻辑关系。

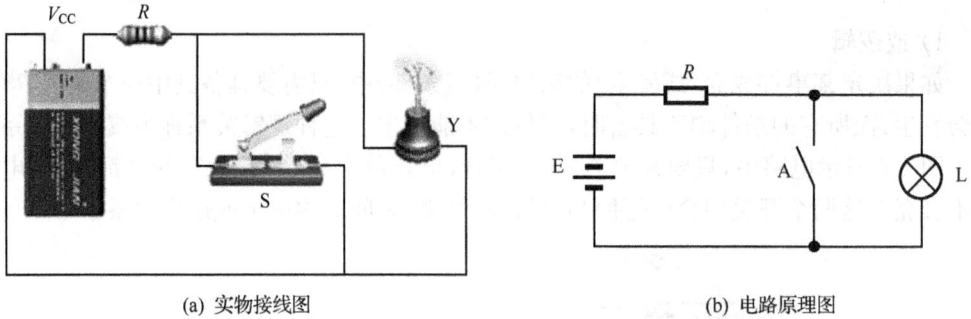

(a) 实物接线图　　　　　　　　　　　　(b) 电路原理图

图 1-11　非逻辑关系电路图

2) 真值表

非逻辑的真值表见表 1-7。

表 1-7　非逻辑真值表

A	Y
0	1
1	0

由表 1-7 可看出非逻辑功能为:"有 1 出 0,有 0 出 1"。

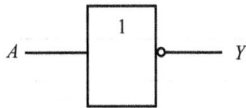

图 1-12　非门电路逻辑符号

3) 逻辑符号

图 1-12 所示为非门电路逻辑符号,可见非门电路只有一个输入端 A 和一个输出端 Y。

4) 逻辑表达式

非门电路的逻辑表达式为

$$Y = \overline{A} \tag{1-3}$$

1.2.2　复合逻辑电路

用上述三种基本的逻辑门电路就可以组合成复合逻辑门电路,常用的复合逻辑门电路有与非门、或非门、与或非门和异或门。

1.2.2.1　与非门

与非逻辑是由一个与逻辑和一个非逻辑直接构成的,其中与逻辑输出作为非逻辑输入。如图 1-13 所示为与非逻辑结构及图形符号。

与非逻辑表达式为

$$Y = \overline{AB} \tag{1-4}$$

与非逻辑真值表见表 1-8,可见与非逻辑功能为"全 1 出 0,有 0 出 1"。

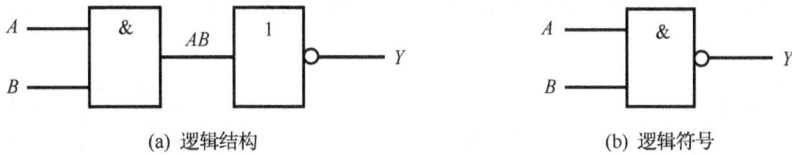

(a) 逻辑结构   (b) 逻辑符号

图 1-13 与非门逻辑电路

表 1-8 与非逻辑真值表

输入		输出
A	B	Y
0	0	1
0	1	1
1	0	1
1	1	0

1.2.2.2 或非门

或逻辑和一个非逻辑连接起来就可以构成一个或非逻辑,其中或的逻辑输出作为非的逻辑输入。如图 1-14 所示为或非逻辑结构及图形符号。

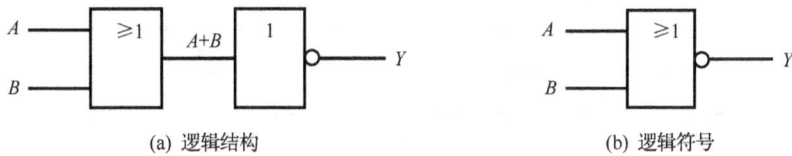

(a) 逻辑结构   (b) 逻辑符号

图 1-14 或非门逻辑电路

或非逻辑表达式为

$$Y = \overline{A + B} \tag{1-5}$$

或非逻辑真值表见表 1-9,可见或非逻辑功能为"全 0 出 1,有 1 出 0"。

表 1-9 或非逻辑真值表

输入		输出
A	B	Y
0	0	1
0	1	0
1	0	0
1	1	0

1.2.2.3 与或非门

与或非逻辑是由两个与逻辑和一个或逻辑及一个非逻辑直接构成的,其中与逻辑的输出作为或逻辑的输入,或逻辑的输出作为非逻辑的输入。图 1-15 所示为与或非逻辑结构及图形符号。

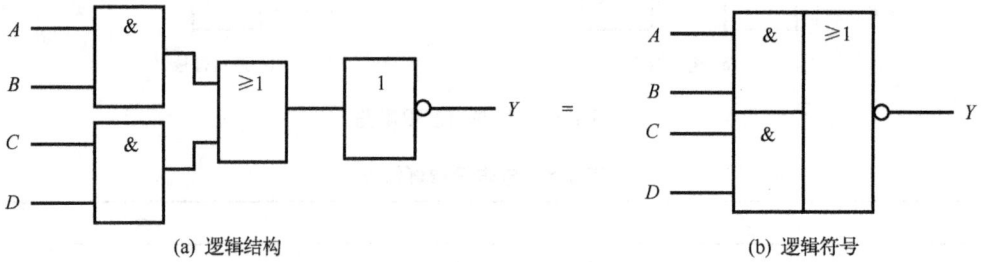

(a) 逻辑结构　　　　　　　(b) 逻辑符号

图 1-15　与或非门逻辑电路

与或非门逻辑表达式为

$$Y = \overline{AB + CD} \tag{1-6}$$

与或非逻辑真值表见表 1-10,由表可见与或非逻辑功能为"一组全 1 出 0,各组有 0 出 1"。

表 1-10　与或非逻辑真值表

A	B	C	D	Y
0	0	0	0	1
0	0	0	1	1
0	0	1	0	1
0	0	1	1	0
0	1	0	0	1
0	1	0	1	1
0	1	1	0	1
0	1	1	1	0
1	0	0	0	1
1	0	0	1	1
1	0	1	0	1
1	0	1	1	0
1	1	0	0	0
1	1	0	1	0
1	1	1	0	0
1	1	1	1	0

1.2.2.4　异或门

图 1-16 所示为异或门的逻辑结构及电路图形符号。

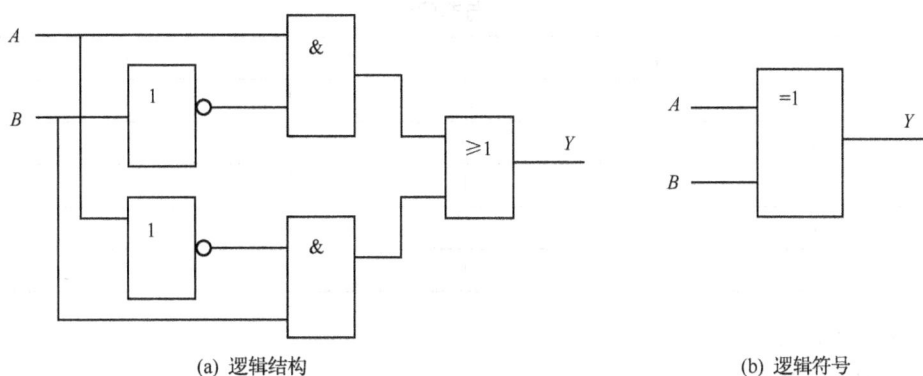

(a) 逻辑结构　　　　　　　　　　　　　(b) 逻辑符号

图 1-16　异或门逻辑电路

异或门的逻辑函数表达式为

$$Y = \overline{A}B + A\overline{B} \tag{1-7}$$

根据上式可得异或门真值表，见表 1-11。其逻辑功能可归纳为"同出 0，异出 1"。

表 1-11　异或逻辑真值表

输入		输出
A	B	Y
0	0	0
0	1	1
1	0	1
1	1	0

任　务　实　施

1. 与非门逻辑功能测试

(1) 按图 1-17 连接线。

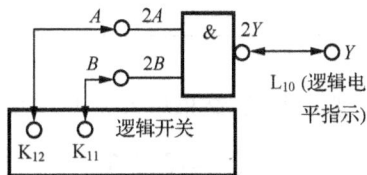

图 1-17　与非门连接图

(2) 检查连线无误后，按表 1-12 要求改变输入端 $2A$、$2B$（即 K_{12} 和 K_{11}）的状态。借助指示灯 L_{10} 把测试结果填入表 1-12 中。

表 1-12　与非门测试

输入		输出
A	B	Y
0	0	
0	1	
1	0	
1	1	

逻辑表达式:Y=_____。

实现的逻辑功能为:_____。

2. 或非门逻辑功能测试

(1) 按图 1-18 连线。

(2) 检查连线无误后按表 1-13 要求进行测试,结果填入表 1-13 中。

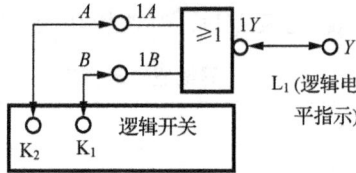

图 1-18　或非门连接图

表 1-13　或非门测试

输入		输出
A	B	Y
0	0	
0	1	
1	0	
1	1	

逻辑表达式:Y=_____。

实现的逻辑功能为:_____。

3. 与门逻辑功能测试

按图 1-19 连线,按表 1-14 要求测试,结果填入表 1-14 中。

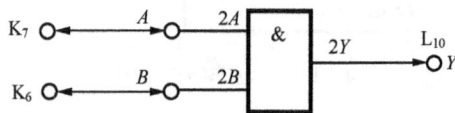

图 1-19　与门连接图

表 1-14 与门测试

输入		输出
A	B	Y
0	0	
0	1	
1	0	
1	1	

逻辑表达式：$Y=$ _____。

实现的逻辑功能为：_____。

4. 或门逻辑功能测试

按图 1-20 连线，按表 1-15 要求测试，结果填入表 1-15 中。

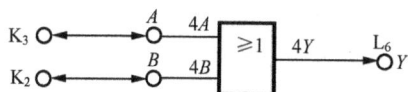

图 1-20 或门连接图

表 1-15 或门测试

输入		输出
A	B	Y
0	0	
0	1	
1	0	
1	1	

逻辑表达式：$Y=$ _____。

实现的逻辑功能为：_____。

5. 非门逻辑功能测试

按图 1-21 连线，按表 1-16 要求测试，结果填入表 1-16 中。

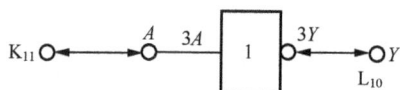

图 1-21 非门连接图

表 1-16 非门测试

输入	输出
A	Y
0	
1	

逻辑表达式:$Y=$ _____。

实现的逻辑功能为:_____。

思考与练习

1. 填空题

(1) 基本逻辑门电路有_____、_____、_____三种。

(2) 请写出表 1-17 中逻辑函数的数值。

表 1-17　填写逻辑函数的数值

A	B	$Y_1=AB$	$Y_2=\overline{A+B}$	$Y_3=\overline{A}\,\overline{B}+AB$
0	0			
0	1			
1	0			
1	1			

(3) 连续异或 2 014 个 1 的结果是_____。

2. 选择题

(1) 与门的输出与输入符合(　　　)逻辑关系,或门的输出与输入符合(　　　)逻辑关系,与非门的输出与输入符合(　　　)逻辑关系,或非门的输出与输入符合(　　　)逻辑关系。

　A. 有 1 出 0,全 0 出 1　　　　B. 有 1 出 1,全 0 出 0

　C. 有 0 出 0,全 1 出 1　　　　D. 有 0 出 1,全 1 出 0

(2) 二输入端的或非门,其输入端为 A、B,输出端为 Y,则其表达式 $Y=$(　　　)。

　A. AB　　B. $\overline{AB}$　　C. $\overline{A+B}$　　D. $A+B$

(3) 二输入端的与非门,其输入端为 A、B,输出端为 Y,则其表达式 $Y=$(　　　)。

　A. AB　　B. $\overline{AB}$　　C. $\overline{A+B}$　　D. $A+B$

(4) 逻辑符号如图 1-22 所示,表示与门的是(　　　)。

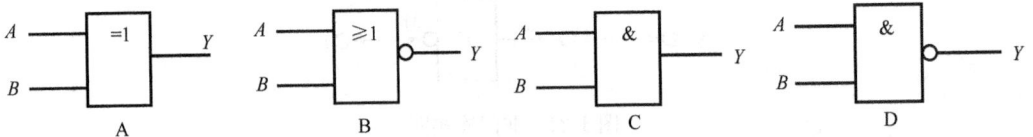

图 1-22　选择题(4)附图

(5) 在(　　　)输入情况下,"与非"运算的结果是逻辑 0。

　A. 全部输入是 0　B. 任一输入是 0　C. 仅一输入是 0　D. 全部输入是 1

(6) 在(　　　)输入情况下,"或非"运算的结果是逻辑 1。

　A. 全部输入是 0　B. 任一输入是 1　C. 全部输入是 1

3. 综合题

(1) 如图 1-23 所示,请根据已知条件画出输出波形。

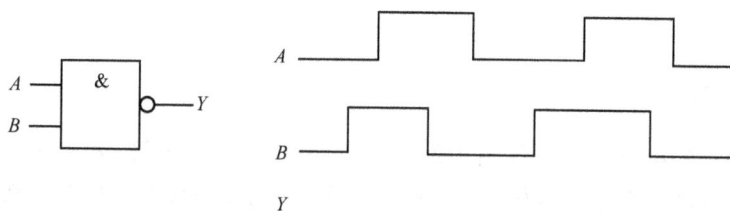

图 1-23 综合题(1)附图

(2) 图 1-24 是或门的两个输入逻辑变量 A、B 的波形图,试画出相对应的输出逻辑变量 Y 的波形图。

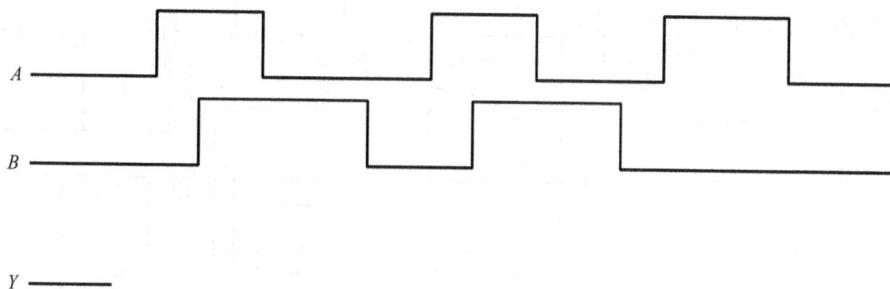

图 1-24 综合题(2)附图

(3) 图 1-25 为非门的输入逻辑变量 A 的波形图,试画出相对应的输出逻辑变量 Y 的波形图。

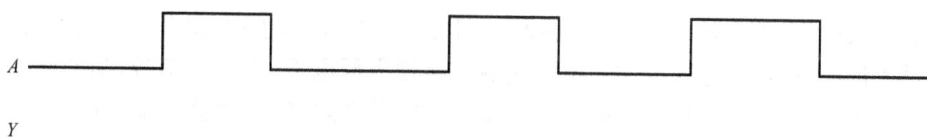

图 1-25 综合题(3)附图

任务 1.3 声光控制灯电路的分析

任 务 目 标

1. 能分析声光控灯电路的组成及工作过程。
2. 能识别和检测晶闸管、驻极体话筒。

知 识 解 析

1.3.1　工作原理

声光控制灯的电路原理图如图 1-26 所示。图中,4 个二极管 $D_1 \sim D_4$ 组成桥式整流电路将市电变成脉动直流电,再经电阻 R_1 限流分压,为集成块 CD4011、驻极体话筒 CM-18 及三极管 VT_1 提供电源。整个电路工作的前提是集成块 1、2 脚输入高电平,经过三级反相,集成块输出端 11 脚输出高电平,触发晶闸管导通使灯泡发亮。

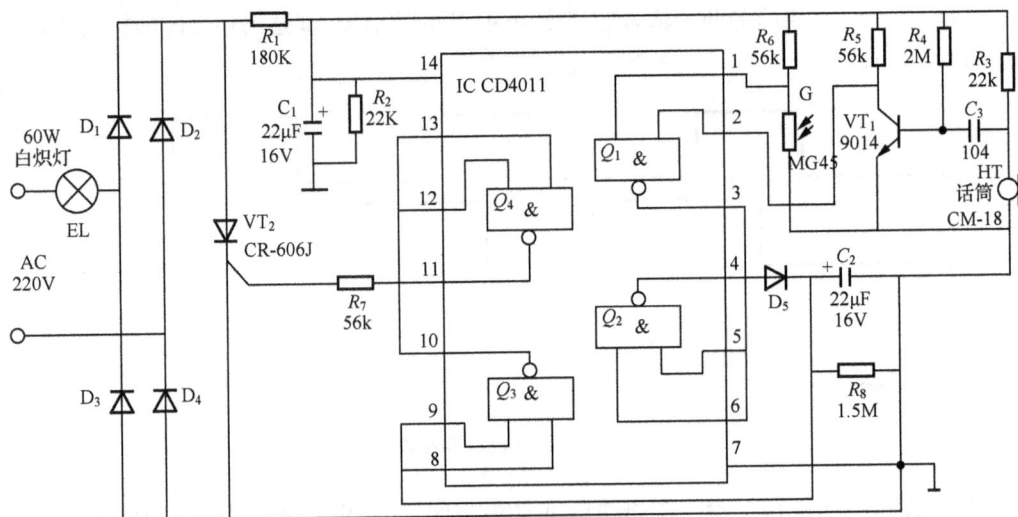

图 1-26　声光控制灯电路原理图

在白天时,光敏电阻很小使得集成块 1 脚输入低电平,电路封锁了声音通道,使得声音脉冲不能通过,经过三级反相后集成块输出端输出低电平,无触发信号,晶闸管不导通所以灯泡不亮。在黑夜时,光敏电阻因无光线照射呈高阻态,使得输入端 1 脚变高电平,为声音通道开通创造了条件。当没有声音时,三极管 VT_1 工作在饱和状态,集电极输出低电平,无触发信号供给晶闸管。当有声音输入时,三极管由饱和状态进入放大状态,集电极由低电平转成高电平,使集成块 11 脚输出一个高电平,触发晶闸管工作电路导通,灯泡发亮。

电路中应用了一个二极管 D_5 来阻断与非门 Q_3 和 Q_4,C_2 充满电后只能通过 R_8 放电,C_2、R_8 组成亮灯延时电路,时间常数 $\tau = R_8 \times C_2$。这个延迟时间主要是靠电容的放电使集成块输出端 11 脚维持高电平,让晶闸管持续在工作状态,当电容放电至与非门 Q_3 的低电平门限电压时,与非门 Q_3 反转输出高电平,与非门 Q_4 继而输出低电平,使晶闸管无触发信号而关断,灯自动熄灭。

1.3.2 晶闸管

1.3.2.1 外形封装

晶闸管就是晶体闸流管,俗称可控硅(SCR),分为单向和双向两种。它具有体积小、重量轻、效率高、寿命长及控制方便等优点,被广泛用于可控整流、调压、逆变以及无触点开关等各种自动控制电路中。它的外形封装如图 1-27 所示。

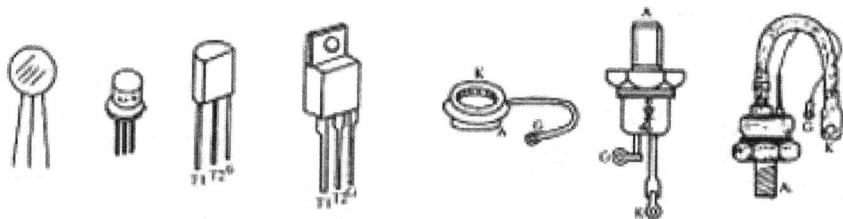

图 1-27 晶闸管的外形封装

1.3.2.2 符号

单向可控硅是一种可控整流电子元件,能在外部控制信号作用下由关断变为导通,但一旦导通,外部信号就无法使其关断,只能靠去除负载或降低其两端电压使其关断。单向晶闸管是由三个 PN 结组成的四层三端半导体器件,与具有一个 PN 结的二极管相比,差别在于单向晶闸管正向导通时受门极电流的控制;与具有两个 PN 结的晶体管相比,差别在于晶闸管对门极电流没有放大作用。晶闸管的结构和符号如图 1-28 所示。它有三个电极,分别为阳极(A)、阴极(K)和门极(G)。

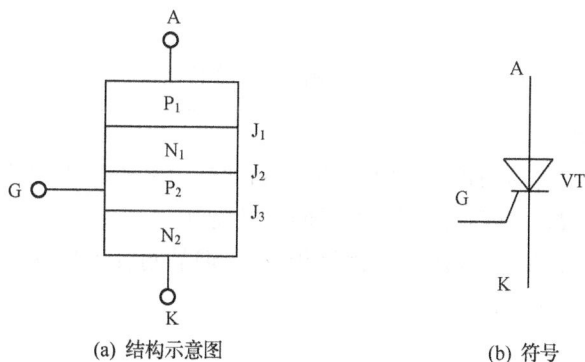

(a) 结构示意图   (b) 符号

图 1-28 晶闸管的结构及符号

1.3.2.3 工作特性

1) 正向阻断特性

图 1-29(a)所示电路中,晶闸管的阳极 A 和阴极 K 之间加正向电压,门极 G 开路,晶闸管不能导通,灯泡不亮,这种状态称为晶闸管的正向阻断特性。

2）触发维持特性

晶闸管由截止变为导通必须满足两个条件：

（1）A～K 之间加一定的正向电压。

（2）G～K 之间加一个正向触发脉冲。

图 1-29(b)所示电路中，开关 S 闭合，给 G～K 之间加一个正向触发脉冲，晶闸管导通，灯泡亮。图 1-29(c)中，晶闸管导通后，断开开关，灯泡继续亮。这说明晶闸管一旦导通，门极便失去控制作用，晶闸管由导通变为截止必须使阳极电流小于维持电流，这就是晶闸管的触发维持特性。

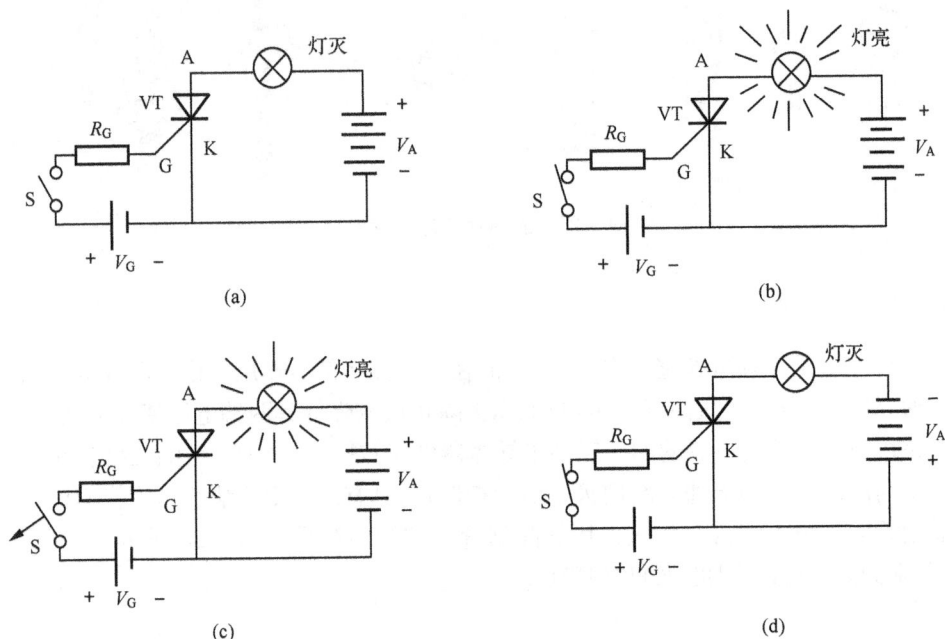

图 1-29　晶闸管的工作特性

3）反向阻断特性

图 1-29(d)中晶闸管的阳极 A 和阴极 K 之间加反向电压，此时不管门极的状态如何，晶闸管都处于关断状态，这就是晶闸管的反向阻断特性。

晶闸管和二极管比较，反向阻断特性是相同的，但晶闸管还具有正向阻断和触发维持特性，故通常将晶闸管理解为“可控二极管”。

1.3.2.4　单向晶闸管的检测

1）电极识别

用万用表 $R \times 1$ 挡测量三个引脚之间的正反向电阻，其中有一次电阻值较小，此时黑表笔连接的是控制极，红表笔接的是阴极，余下的就是阳极。

2）质量判别

用万用表 $R \times 1$ 挡，红笔接 K 极(阴极)，黑笔接阳极，电阻值应为无穷大，然后两表笔保持连接状态下，黑表笔同时碰触一下控制极后立即断开，阻值变得较小，且维持不变，表示被测管的触发维持特性基本正常。然后瞬时断开 A 极再接通,指针应退回∞位置,则表明可控硅良好。

1.3.3 驻极体话筒

1.3.3.1 外形

驻极体话筒属于电容式话筒的一种,声电变换的关键元件是驻极体薄膜,当有声波输入时,驻极体薄膜随声波的强弱而振动,使电容极板间的距离发生变化,引起电容 C 发生变化,从而改变驻极体电容话筒上的电荷,故电容两端的电压发生变化,实现了声电变换。由于振动引起的输出电压的变化量较小,所以要在电容的后面加一个场效应管进行放大,提高话筒的灵敏度,同时场效应管还可以与音频放大器匹配。其外形和内部结构如图 1-30所示。

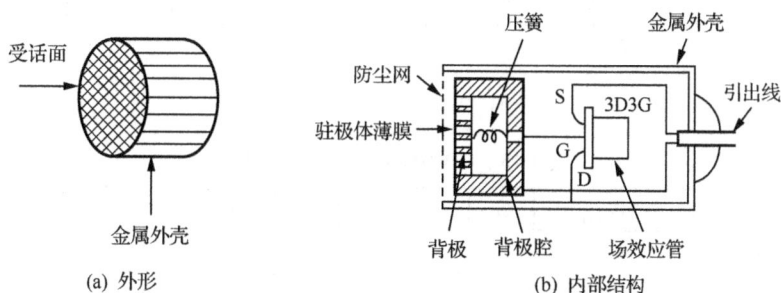

图 1-30 驻极体电容话筒的外形和内部结构

1.3.3.2 检测

二端式驻极体电容话筒的两个引出端分别是漏极 D 和接地端,源极 S 已在送话筒内部与接地端连接在一起。该话筒底部只有两个接点,其中与金属外壳相连的是接地端。

用万用表 $R×1k$ 挡,黑表笔接话筒的 D 端,红表笔接话筒的接地端,这时用嘴向话筒吹气,万用表表针应有摆动则说明话筒完好。同类型话筒比较,指针摆动范围越大,说明该话筒灵敏度越高,如果无指示,则说明该话筒有故障。

1.3.4 集成与非门 CD4011

1.3.4.1 引脚排列

CD4011 是四 2 输入与非门,其引脚排列如图 1-31 所示。

1.3.4.2 检测

用万用表检测 CD4011 时,可通过测量空载电阻值和参考空载电阻值进行比较,CD4011 的参考空载电阻值如表 1-18 所示。

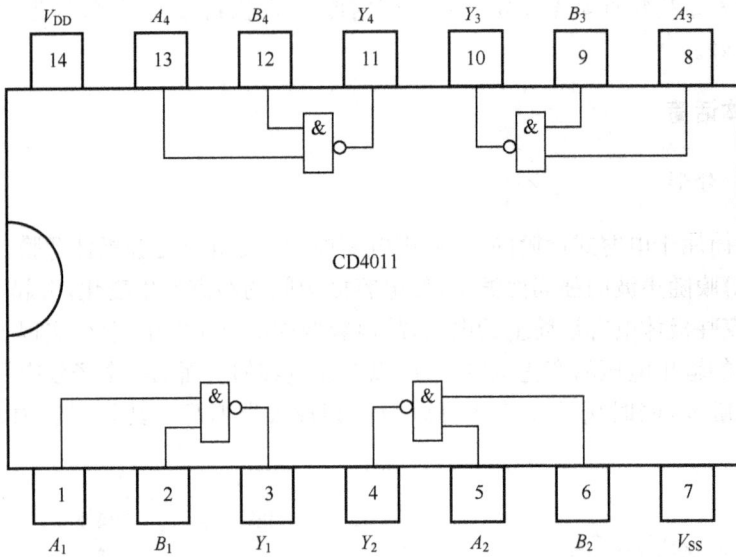

图 1-31　CD4011 的引脚排列图

表 1-18　CD4011 参考空载电阻值　　　　　　　　单位：kΩ

引脚号	①	②	③	④	⑤	⑥	⑦	⑧	⑨	⑩	⑪	⑫	⑬	⑭
正向电阻	∞	∞	∞	∞	∞	∞	0	∞	∞	∞	∞	∞	∞	∞
反向电阻	7.9	7.9	7.2	7.2	7.9	7.9	0	7.9	7.9	7.2	7.2	7.9	7.9	5.9

知 识 拓 展

单向晶闸管的使用常识

1. 晶闸管的主要参数

(1) 正向转折电压 V_{BO}：控制极开路，加在器件上的正向阳极电压升高到使器件迅速成为导通的电压，称为正向转折电压。

(2) 正向阻断峰值电压 V_{DRM}：控制极开路，结温为额定值，正向阻断时，可重复(50Hz)加于器件的正向峰值电压。该电压小于转折电压 V_{BO}。一般 V_{DRM} 定义为伏安特性曲线急剧转弯处所对应电压的 80%。

(3) 反向阻断峰值电压 V_{RRM}：控制极开路，结温为额定值，可重复加于器件的反向峰值电压。此值定义为反向伏安特性曲线急剧转弯处所对应电压的 80%。一般 V_{DRM} 和 V_{RRM} 很接近，取两者中较小者为单向可控硅的额定电压 V_D，单向可控硅的额定电压一般为几十伏至数千伏。

(4) 额定正向平均电流 I_F：它是在规定环境温度、标准散热和全导通的情况下，阳极与阴极间连续流过工频正弦半波电流的平均值。通常我们所说的 30 A、50 A 的单向可控硅就是指它的正向平均电流为 30A、50A。

（5）控制极触发电压 V_G 和触发电流 I_G：它是在单向可控硅的阳极与阴极间加 6V 正向阳极电压时，使其从阻断状态变为导通状态时所需的最小控制极电压和电流，V_G 一般为 3.5～5V，I_G 约为几毫安至几百毫安。

（6）维持电流 I_H：它是在规定的环境温度、控制极断开和器件导通的情况下，要维持导通状态所必需的最小正向电流，I_H 约为几毫安至一百多毫安。

2. 晶闸管的型号

单向可控硅器件型号有很多种，用途也不相同，常见的有 3CT 系列及 KP 系列。

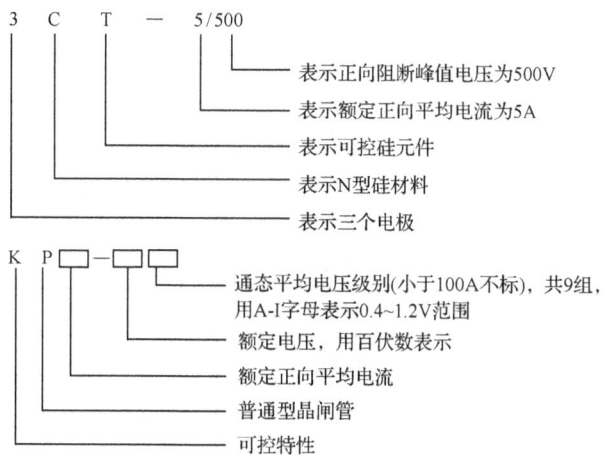

例如：KP200-12F 表示额定电流为 200A，额定电压为 1 200V，管压降为 0.9V 的普通单向可控硅。

思考与练习

1. 晶闸管又称为_____，它分为_____和_____两种。它是一种_____电子器件，体积_____，重量_____。晶闸管主要作用是用_____控制_____。

2. 单向晶闸管的导通条件是什么？

3. 如何用万用表检测晶闸管的好坏？

4. 检测驻极体话筒时选用万用表的哪个挡位？

5. 如何判断驻极体话筒的性能及好坏？

项　目　实　施

1. 清点元器件

对照图 1-26 和元器件材料清单表（见表 1-19），清点元器件。

6）驻极体话筒的识别与检测

从外观识别话筒,用万用表检测本项目所给的话筒,并完成表 1-25。

表 1-25　话筒的识别与检测表

编号	外形与极性	万用表量程	测试条件	电阻值	质量判别
			直接测量		
			向话筒吹气,测量		

7）三极管的识别与检测

从外观识别三极管,用万用表检测本项目所给的三极管,并完成表 1-26。

表 1-26　三极管的识别与检测表

三极管编号	型号	外形与极性	材料	类型	质量判别(好/坏)

8）光敏电阻的识别与检测

从外观识别光敏电阻,用万用表检测本项目所给的光敏电阻,并完成表 1-27。

表 1-27　光敏电阻的识别与检测

编号	万用表量程	测试条件	电阻值	质量判别
		在室内自然光下		
		用布完全遮住光线下		
		用电筒照射(或太阳光照射)下		

3. 制作声光控制灯电路

对元器件进行正确的装配与布局,并进行焊接。

操作步骤:

（1）按工艺要求安装色环电阻。

（2）按工艺要求安装二极管。

（3）按工艺要求安装三极管。

（4）按工艺要求安装集成电路 CD4011。

（5）对安装好的元器件进行手工焊接。

（6）检查焊点质量。

4. 调试声光控制灯电路

一般情况下,本电路只要元器件完好,装配无误,通电以后就能工作,如果电路工作不正常,则应通过测量得到的电压和电流值来分析,判断是集成电路故障还是外围元器件故障。通常情况下,集成电路引脚的电压值有一点离散,但很小。如果偏离很大,则应先检查引脚外围元器件是否良好。最后再确定集成电路的好坏。

　　1) 直流在路电阻的测量

　　电路不通电,电路板安装在面板上(黑色后盖不安装),光敏电阻紧贴红塑料片,电路反扣在桌面上,用 $R \times 1k\Omega$ 挡测量。

　　(1) 正反测电源引出线两端的电阻值为:＿＿＿＿＿＿＿;

　　(2) 红表笔接地(VT$_1$ 的 E 极),黑笔测 D$_1$"－"极引脚电阻值为:＿＿＿＿＿＿＿;

　　(3) 红表笔接地,黑笔测晶闸管"A"极引脚电阻值为:＿＿＿＿＿＿＿;

　　(4) 红表笔接地,黑笔测晶闸管"G"极引脚电阻值为:＿＿＿＿＿＿＿;

　　(5) 红表笔接地,黑笔测 BG$_1$ 的"B"极引脚电阻值为:＿＿＿＿＿＿＿;

　　(6) 红表笔接地,黑笔测 BG$_1$ 的"E"极引脚电阻值为:＿＿＿＿＿＿＿;

　　(7) 测量 CD4011 集成电路的在路电阻值,将结果填入表 1-28 中。

表 1-28　CD4011 的在路电阻值

测法 \ 引脚	①	②	③	④	⑤	⑥	⑦	⑧	⑨	⑩	⑪	⑫	⑬	⑭
黑接⑦红测														
红接⑦黑测														

　　2) 通电测量

　　通电测量时,注意输入电源的极性,不能接反。

　　(1) 灯不亮时,测量三极管及晶闸管各引脚的电压,将结果填入表 1-29 中。

表 1-29　灯不亮时各管脚电压测量

管子名称	管脚名称及电压					
	管脚名称	电压/V	管脚名称	电压/V	管脚名称	电压/V
三极管 VT$_1$	集电极 C		基极 B		发射极 E	
晶闸管 VT$_2$	阳极 A		阴极 K		控制极 G	

　　(2) 灯不亮时,测量集成电路 CD4011 各引脚的电压,将结果填入表 1-30 中。

表 1-30　灯不亮时 CD4011 各引脚电压

引脚号	①	②	③	④	⑤	⑥	⑦	⑧	⑨	⑩	⑪	⑫	⑬	⑭
电压/V														

　　(3) 用深色物品将光敏电阻遮挡,击掌使灯亮,测量此时三极管、晶闸管、集成电路 CD4011 各引脚的电压,将结果填入表 1-31、表 1-32 中。

表 1-31　灯亮时各管脚电压测量

管子名称	管脚名称及电压					
	管脚名称	电压/V	管脚名称	电压/V	管脚名称	电压/V
三极管 VT$_1$	集电极 C		基极 B		发射极 E	
晶闸管 VT$_2$	阳极 A		阴极 K		控制极 G	

表 1-32　灯亮时 CD4011 各引脚电压测量

引脚号	①	②	③	④	⑤	⑥	⑦	⑧	⑨	⑩	⑪	⑫	⑬	⑭
电压/V														

3）模拟故障检测

（1）断开晶闸管 VT_2，接通电源，观察灯的变化情况，用万用表测量 CD4011 的⑪和⑭对地电压，将测量数据记入表 1-33 中，并分析原因。

表 1-33　晶闸管开路时数据检测

引脚号	⑪	⑭
电压/V		
灯的亮灭情况		
分析原因		

（2）断开光敏电阻 G，接通电源，用万用表测量 CD4011 的①、⑪和⑭对地电压，将测量数据记入表 1-34 中。

表 1-34　光敏电阻开路时数据检测

引脚号	①	⑪	⑭
电压/V			
击掌前灯的亮灭情况			
击掌后灯的亮灭情况			

（3）断开电阻 R_1，接通电源，观察灯的变化情况，用万用表测量 CD4011 的⑭对地电压，将测量数据记入表 1-35 中。

表 1-35　R_1 开路检测数据表

引脚号	⑭
电压/V	
灯的亮灭情况	

（4）断开电容 C_2，接通电源，观察灯的变化情况，用万用表测量 CD4011 的④、⑧和⑭对地电压，将测量数据记入表 1-36 中。

表 1-36　C_2 开路检测数据表

引脚号	④	⑧	⑭
电压/V			
灯的亮灭情况			

◆项 ◆目 ◆评 ◆价

项目评价见表1-37。

表 1-37　项目评价表

评价内容	配分	评分标准	自我评分	小组评分	教师评分
知识内容	10	1. 不能说出声光控制灯电路的组成,酌情扣1～5分 2. 不能分析声光控制灯电路的工作过程的,扣5分			
选配元器件	20	1. 不能正确识别元器件的,选错一个扣1分 2. 不能正确检测元器件的,测错一个扣1分			
安装工艺与焊接质量	30	安装工艺与焊接质量不符合要求,每处可酌情扣1～3分,例如: 1. 元器件成形不符合要求; 2. 元器件排列与接线的走向错误或明显不合理; 3. 导线连接质量差,没有紧贴电路板; 4. 焊接质量差,出现虚焊、漏焊、搭锡等			
电路调试	15	1. 电路一次通电调试成功,得满分; 2. 如在通电调试时发现电路安装或接线错误,每处扣3～5分			
电路检测	15	1. 能正确用万用电表测量电压,且记录完整,可得满分; 2. 否则每项酌情扣2～5分			
安全、文明操作	10	1. 违反操作规程,产生不安全因素,可酌情扣7～10分; 2. 着装不规范,可酌情扣3～5分; 3. 迟到、早退、工作场地不清洁,每次扣1～2分			
其他项目		1. 第一个完成电路安装并检测成功的小组,加3分; 2. 在完成个人项目前提下,协助老师或帮助其他同学解决问题(安装中的困难)的,经教师确认,加1～5分			
合计					
综合评分					

要求:评价要客观公正、全面细致、认真负责。

◆项 ◆目 ◆总 ◆结 ◆与 ◆汇 ◆报

1. 汇报内容

(1) 演示制作的项目作品。

（2）讲解项目电路的组成及工作原理。

（3）与大家分享制作、调试中遇到的问题及解决的方法。

2. 汇报要求

（1）演示作品时要边演示边讲解电路的组成及原理。

（2）要重点讲解制作、调试中遇到的问题及解决的方法。

项目 2 产品质量判别电路的制作

项 目 描 述

　　山西溯洲毒酒事件、阜阳劣质奶粉事件、苏丹红事件、禽流感事件等,都给人民群众健康安全带来了危害。因此,产品质量尤其是食品质量安全关系到千家万户的生活与健康。

　　在现代产品质量管理中,质量检验起着十分重要的作用。如何把好"质量关",必须采取一些措施,由事后处理转变为"预防式"的事前和事中控制,促使产品质量改进和提高,为用户提供满意的产品。

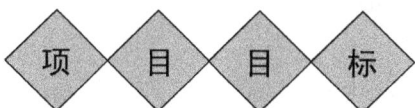
项 目 目 标

知识目标
- 掌握逻辑函数的化简方法;
- 掌握组合逻辑电路的分析与设计方法;
- 理解产品质量判别电路的工作过程。

技能目标
- 能识别项目中各元器件的符号;
- 能识别和检测所选用的元器件;
- 能制作和调试产品质量判别电路。

项　目　准　备

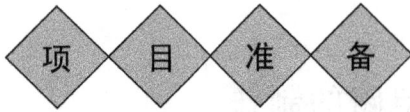

任务 2.1　组合逻辑电路的分析与测试

任　务　目　标

1. 能用公式化简法和卡诺图化简法化简逻辑函数。
2. 能掌握组合逻辑电路的分析方法。
3. 能了解用基本门电路设计组合逻辑电路的方法。
4. 初步掌握用小规模集成电路(SSI)设计组合逻辑电路的方法。
5. 能利用实验室仪器测试半加器和全加器的逻辑功能。

任　务　要　求

用实验室提供的数字逻辑实验箱,按任务实施步骤测试组合逻辑电路。

知　识　解　析

2.1.1　逻辑函数的化简方法

逻辑函数化简的意义:逻辑函数表达式越简单,实现它的电路越简单,电路工作越稳定可靠。

与-或表达式化简的最简标准:

① 表达式中所含与项个数最少。

② 每个与项中变量个数最少。

2.1.1.1　公式化简法

1) 逻辑代数的基本定律

逻辑代数的基本公式如表 2-1 所示。

表 2-1　逻辑代数的基本公式

名称	公式 1	公式 2
0-1 律	$A \cdot 1 = A$ $A \cdot 0 = 0$	$A + 0 = A$ $A + 1 = 1$
互补律	$A\overline{A} = 0$	$A + \overline{A} = 1$
重叠律	$AA = A$	$A + A = A$
交换律	$AB = BA$	$A + B = B + A$
结合律	$A(BC) = (AB)C$	$A + (B + C) = (A + B) + C$
分配律	$A(B + C) = AB + AC$	$A + BC = (A + B)(A + C)$
反演律	$\overline{AB} = \overline{A} + \overline{B}$	$\overline{A + B} = \overline{A}\ \overline{B}$
吸收律	$A(A + B) = A$ $A(\overline{A} + B) = AB$ $(A + B)(\overline{A} + C)(B + C) = (A + B)(\overline{A} + C)$	$A + AB = A$ $A + \overline{A}B = A + B$ $AB + \overline{A}C + BC = AB + \overline{A}C$
对合律	$\overline{\overline{A}} = A$	

可用真值表证明公式的正确性,即检验等式两边函数的真值表是否一致。如用真值表证明反演律 $\overline{AB} = \overline{A} + \overline{B}$,如表 2-2 所示。

表 2-2　证明 $\overline{AB} = \overline{A} + \overline{B}$

A	B	$\overline{AB}$	$\overline{A} + \overline{B}$
0	0	1	1
0	1	1	1
1	0	1	1
1	1	0	0

2) 逻辑代数的基本规则

(1) 代入规则。任何一个逻辑等式,若以同一逻辑函数替换式中某一变量,等式仍然成立。代入规则用以扩展公式和证明恒等式。

(2) 反演规则。指求逻辑函数 Y 的反函数时,将 Y 中"·"变"+","+"变"·";常量"0"变"1","1"变"0";原变量变反变量,反变量变原变量,即得 Y 的反函数。

反演规则用以求一个逻辑函数的反函数。使用时注意:

① Y 中与项最好先分别加括号,再用反演规则,这样不易出现运算顺序错误。

② 覆盖两个及两个以上变量的非号,非号下各变量、常量及运算符号变,而非号不变,如 $Y = AB + 0 \cdot 1$,由反演规则得 $\overline{Y} = (\overline{A} + \overline{B}) \cdot (1 + 0) = \overline{A} + \overline{B}$。

3) 对偶规则

① 对偶式。将逻辑函数 Y 中"·"变"+","+"变"·";"0"变"1","1"变"0";而变量不变,就得到一个新函数式 Y',Y' 称为 Y 的对偶式,而且 Y 与 Y' 互为对偶式。例如,$Y = (A + B)(A + C)$,则 $Y' = AB + AC$。

② 对偶规则。指逻辑等式等号两边表达式的对偶式也相等的规则。例如，$A+BC=(A+B)(A+C)$，则有 $A(B+C)=AB+AC$。

说明：在基本定律中，不带撇与带撇的公式都互为对偶式。

4）逻辑函数的公式化简法

公式化简法就是运用逻辑代数的基本公式、定理和规则来化简逻辑函数。几种常用方法：

（1）合并项法。利用公式 $A+\overline{A}=1$，将两项合并为一项，并消去一个变量

$$Y=AB\overline{C}+A\overline{B}\,\overline{C}=A\overline{B}(C+\overline{C})=A\overline{B}$$

（2）吸收法。利用公式 $A+AB=A$，消去多余的项。

$$Y=A\overline{B}+A\overline{B}(C+DE)=A\overline{B}$$

（3）消元法。利用公式 $A+\overline{A}B=A+B$，消去多余的变量

$$Y=\overline{A}+AB+\overline{B}E=\overline{A}+B+\overline{B}E=\overline{A}+B+E$$

（4）配项法。

① 利用公式 $A=A(B+\overline{B})$，为某一项配上其所缺的变量，以便用其他方法进行化简。

$$\begin{aligned}Y&=A\overline{B}+B\overline{C}+\overline{B}C+\overline{A}B\\&=A\overline{B}+B\overline{C}+(A+\overline{A})\overline{B}C+\overline{A}B(C+\overline{C})\\&=A\overline{B}+B\overline{C}+A\overline{B}C+\overline{A}\,\overline{B}C+\overline{A}BC+\overline{A}B\overline{C}\\&=A\overline{B}(1+C)+B\overline{C}(1+\overline{A})+\overline{A}C(\overline{B}+B)\\&=A\overline{B}+B\overline{C}+\overline{A}C\end{aligned}$$

② 利用公式 $A+A=A$，为某项配上其所能合并的项。

$$\begin{aligned}Y&=ABC+AB\overline{C}+A\overline{B}C+\overline{A}BC\\&=(ABC+AB\overline{C})+(ABC+A\overline{B}C)+(ABC+\overline{A}BC)\\&=AB+AC+BC\end{aligned}$$

公式化简法的优点是不受变量数目的限制。缺点是没有固定的步骤可循；需要熟练运用各种公式和定理；在化简一些较为复杂的逻辑函数时还需要一定的技巧和经验；有时很难判定化简结果是否最简。

2.1.1.2　卡诺图化简法

1）逻辑函数卡诺图表示法

（1）最小项。

① 定义：设有 k 个逻辑变量，组成具有 k 个变量的与项，每个变量以原变量或反变量在与项中出现且仅出现一次，这个与项就称为最小项，记作 m。

② 最小项个数：k 个变量，共有 2^k 个最小项。

③ 最小项编号：约定，对应最小项取值为 1 的变量取值组合就为该最小项编号，例如 A,B,C 三个变量，有 $2^3=8$ 个最小项。

$$\overline{A}\,\overline{B}\,\overline{C}、\overline{A}\,\overline{B}C、\overline{A}B\overline{C}、\overline{A}BC、A\overline{B}\,\overline{C}、A\overline{B}C、AB\overline{C}、ABC$$

对于其中任意一个最小项,只有一组变量取值使它为 1,如下表所示。如 $\overline{A}BC$ 取值为 1 的变量组合为 011,则 $\overline{A}BC = m_3$。

三变量最小项,如表 2-3 所示。

表 2-3 三变量最小项

最小项	变量取值			编号
	A	B	C	
$\overline{A}\,\overline{B}\,\overline{C}$	0	0	0	m_0
$\overline{A}\,\overline{B}C$	0	0	1	m_1
$\overline{A}B\overline{C}$	0	1	0	m_2
$\overline{A}BC$	0	1	1	m_3
$A\overline{B}\,\overline{C}$	1	0	0	m_4
$A\overline{B}C$	1	0	1	m_5
$AB\overline{C}$	1	1	0	m_6
ABC	1	1	1	m_7

（2）逻辑函数的最小项表达式。任何一个逻辑函数都可以表示成唯一的一组最小项之和,称为标准与或表达式,也称为最小项表达式。对于不是最小项表达式的与或表达式,可利用公式 $A + \overline{A} = 1$ 和 $A(B+C) = AB + AC$ 来配项展开成最小项表达式。

例 2-1 写出逻辑函数 $Y = \overline{A} + BC$ 的最小项表达式。

解:
$$\begin{aligned}
Y &= \overline{A} + BC \\
&= \overline{A}(B+\overline{B})(C+\overline{C}) + (A+\overline{A})BC \\
&= \overline{A}BC + \overline{A}B\overline{C} + \overline{A}\,\overline{B}C + \overline{A}\,\overline{B}\,\overline{C} + ABC + \overline{A}BC \\
&= \overline{A}\,\overline{B}\,\overline{C} + \overline{A}\,\overline{B}C + \overline{A}B\overline{C} + \overline{A}BC + ABC \\
&= m_0 + m_1 + m_2 + m_3 + m_7 \\
&= \sum m(0,1,2,3,7)
\end{aligned}$$

如果列出了函数的真值表,则只要将函数值为 1 的那些最小项相加,便是函数的最小项表达式。

例 2-2 写出表 2-4 中逻辑函数 Y 的最小项表达式。

表 2-4 三变量逻辑函数的真值表

A	B	C	Y	最小项
0	0	0	0	m_0
0	0	1	1	m_1
0	1	0	1	m_2
0	1	1	1	m_3
1	0	0	0	m_4
1	0	1	1	m_5
1	1	0	0	m_6
1	1	1	0	m_7

解：逻辑函数 Y 的最小项表达式为

$$Y = m_1 + m_2 + m_3 + m_5 = \sum m(1,2,3,5)$$
$$= \overline{A}\,\overline{B}C + \overline{A}B\overline{C} + \overline{A}\,BC + A\overline{B}C$$

（3）卡诺图

① 卡诺图也称最小项方格图，是将最小项按一定规则排列而成的方格阵列。

② 卡诺图的结构：设输入变量数 k，卡诺图中就有 2^k 个方格，每个方格和一个最小项对应，方格编号和最小项编号相同，由方格外行、列变量取值决定（见图 2-1，图 2-2，图 2-3）。

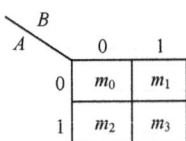

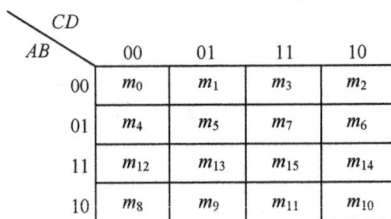

图 2-1　2 变量卡诺图　　图 2-2　3 变量卡诺图　　图 2-3　4 变量卡诺图

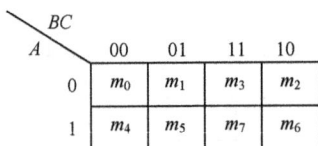

③ 用卡诺图表示逻辑函数

根据最小项表达式画图时，式中有哪些最小项，就在相应方格填 1，而其余方格填 0。如果根据真值表画图，凡使 $Y=1$ 的变量取值组合在相应方格填 1，其余填 0。

例 2-3　某逻辑函数的真值表如表 2-5 所示，用卡诺图表示该逻辑函数。

表 2-5　真值表

A	B	C	L
0	0	0	0
0	0	1	0
0	1	0	0
0	1	1	1
1	0	0	0
1	0	1	1
1	1	0	1
1	1	1	1

解：逻辑函数为三变量，先画出三变量卡诺图，然后根据真值表将 8 个最小项 L 的取值 0 或者 1 填入卡诺图中对应的 8 个小方格中即可，如图 2-4 所示。

例 2-4　用卡诺图表示逻辑函数：$Y = \overline{A}BC + A\overline{B}C + A\overline{B}\,\overline{C} + ABC + AB\overline{C}$。

解：Y 是三变量函数，先画三变量卡诺图，Y 写成简化形式：$Y = m_3 + m_5 + m_4 + m_7 + m_6$ 如果表达式为最小项表达式，则可直接填入卡诺图。如果表达式不是最小项表达式，但是"与-或表达式"，可将其先化成最小项表达式，再填入卡诺图，也可直接填入。直接填入的具体方法是：分别找出每一个与项所包含的所有小方格，全部填入 1，如图 2-5 所示。

图 2-4　例 2-3 卡诺图

图 2-5　例 2-4 卡诺图

例 2-5　用卡诺图表示逻辑函数 $F = A\overline{B}C + \overline{A}BC + AB$。

解：式中的 $A\overline{B}C$、$\overline{A}BC$ 已是最小项。含有与项 AB 的最小项有两个：ABC 和 $AB\overline{C}$，故在 m_5、m_3、m_7、m_6 对应方格中填 1，如图 2-6 所示。

图 2-6　例 2-5 卡诺图

2）逻辑函数卡诺图化简法

（1）合并最小项规律。根据卡诺图的相邻性，两相邻方格所表示的最小项能够合并为一项并消去一个互反（也称互补）变量；四相邻方格合并为一项同时消去两个互补变量；八相邻方格合并成一项同时消去三个互补变量。

合并规律以三变量、四变量卡诺图举例如图 2-7 所示。

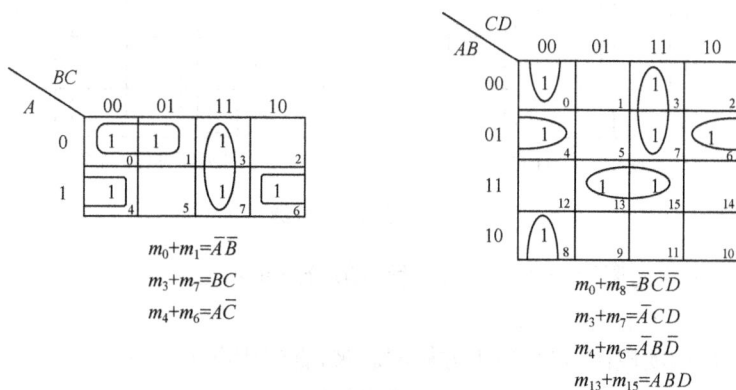

$m_0 + m_1 = \overline{A}\,\overline{B}$

$m_3 + m_7 = BC$

$m_4 + m_6 = A\overline{C}$

$m_0 + m_8 = \overline{B}\,\overline{C}\,\overline{D}$

$m_3 + m_7 = \overline{A}CD$

$m_4 + m_6 = \overline{A}B\overline{D}$

$m_{13} + m_{15} = ABD$

图 2-7　合并最小项

$$m_0+m_1+m_4+m_5=\bar{B}$$

$$m_0+m_2+m_4+m_6=\bar{C}$$

$$\Sigma m(0,1,8,9)=\bar{B}\,\bar{C}$$
$$\Sigma m(4,6,12,14)=B\bar{D}$$

$$\Sigma m(1,5,9,13)=\bar{C}D$$
$$\Sigma m(6,7,14,15)=BC$$
$$\Sigma m(0,2,8,10)=\bar{B}\,\bar{D}$$

$$\Sigma m(8,9,10,11,12,13,14,15)=A$$

$$\Sigma m(0,1,2,3,8,9,10,11)=\bar{B}$$

$$\Sigma m(1,3,5,7,9,11,13,15)=D$$

$$\Sigma m(0,2,4,6,8,10,12,14)=\bar{D}$$

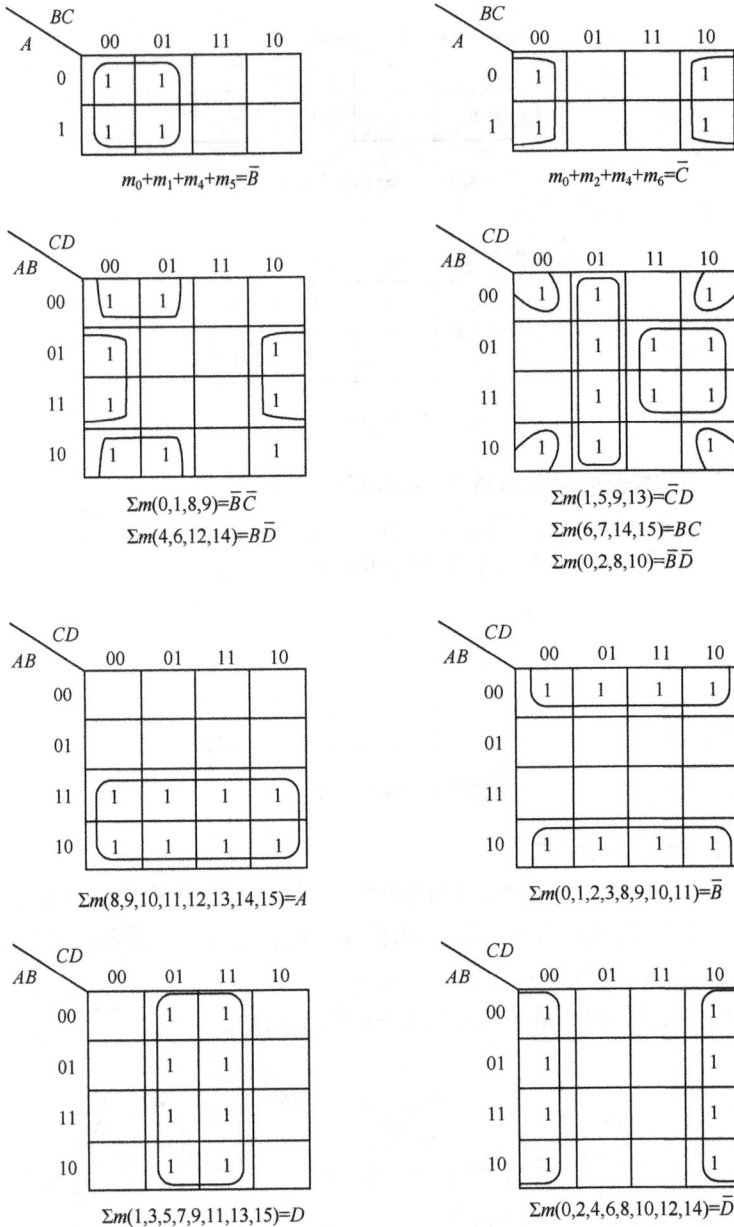

图 2-7　合并最小项(续)

(2) 用卡诺图化简逻辑函数。化简过程一般分三步：

① 将逻辑函数用卡诺图表示。

② 按合并最小项规律,将相邻 1 方格圈起来,直到所有 1 方格被圈完为止。

③ 将每个圈所表示的与项相加,得逻辑函数最简与或式。

用卡诺图化简逻辑函数得到最简与或式,圈 1 时应注意：

① 圈尽量大,圈的个数尽量少。圈越大,消去的变量越多；圈越少,与项越少。

② 先圈八格组,再圈四格组,后圈二格组,孤立方格单独成圈。

③ 方格可重复被圈,但每圈必有新格。否则,该圈所表示的与项是多余的。

例 2-6　用卡诺图化简逻辑函数

$$L(A,B,C,D) = \sum m(0,2,3,4,6,7,10,11,13,14,15)$$

解：① 将逻辑函数用卡诺图表示,见图 2-8。

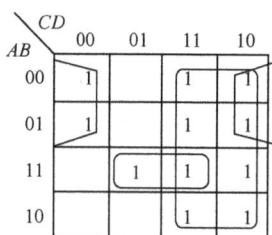

图 2-8　例 2-6 配图

② 画卡诺圈

③按合并最小项规律化简得

$$L(A,B,C,D) = C + \overline{A}\,\overline{D} + ABD$$

例 2-7　用卡诺图化简逻辑函数

$$F = AD + A\overline{B}\,\overline{D} + \overline{A}\,\overline{B}\,\overline{C}\,\overline{D} + \overline{A}\,\overline{B}C\overline{D}$$

解：① 将逻辑函数用卡诺图表示,见图 2-9。

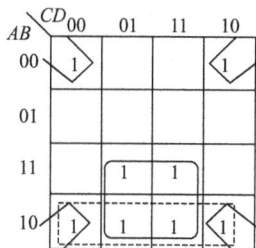

图 2-9　例 2-7 配图

② 画卡诺圈

③ 按合并最小项规律化得

$$F = AD + \overline{B}\,\overline{D}$$

（3）具有无关项的逻辑函数的化简。

① 无关项与无关条件。在实际问题中,输入变量的取值组合有时不是任意的,而受到一定条件的限制。例如,在例 2-8 中有 5 个最小项(用×表示的项)。通常,这种限制条件称为无关条件,不会出现的变量取值组合所对应的最小项称为无关项。

② 具有无关项的逻辑函数的化简。

由于无关项所对应的逻辑函数值取 0 或取 1,对函数值没有影响。因此,在化简过程中合理利用无关项,将使逻辑函数化简结果更加简单。

注意：

① 因为无关项不能构成输入，与函数值无关，所以用卡诺图化简时不能单独圈×。

② 利用无关项化简可使逻辑电路简单，但对输入变量也提出了要求，即输入变量必须满足给定的无关条件。

例 2-8　在十字路口有红绿黄三色交通信号灯，规定红灯亮停，绿灯亮行，黄灯亮等一等，试分析车行与三色信号灯之间逻辑关系。

解： 设红、绿、黄灯分别用 A、B、C 表示，且灯亮为 1，灯灭为 0。

车用 L 表示，车行 $L=1$，车停 $L=0$。列出该函数的真值表（见表 2-6）。

表 2-6　真值表

红灯 A	绿灯 B	黄灯 C	车 L
0	0	0	×
0	0	1	0
0	1	0	1
0	1	1	×
1	0	0	0
1	0	1	×
1	1	0	×
1	1	1	×

显而易见，在这个函数中，有 5 个最小项为无关项。

带有无关项的逻辑函数的最小项表达式为

$$L = \sum m(\quad) + \sum d(\quad)$$

如本例函数可写成

$$L = \sum m(2) + \sum d(0,3,5,6,7)$$

化简具有无关项的逻辑函数时，要充分利用无关项可以当 0 也可以当 1 的特点，尽量扩大卡诺圈，使逻辑函数更简。

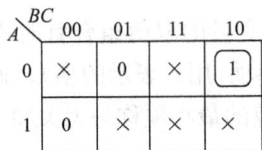

不考虑无关项时，表达式为

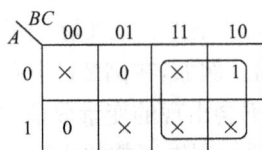

$$L = \overline{A}B\overline{C}$$

考虑无关项时，表达式为

$$L = B$$

图 2-10　例 2-8 配图

注意：在考虑无关项时，哪些无关项当做 1，哪些无关项当做 0，要以尽量扩大卡诺圈、减少圈的个数，使逻辑函数更简为原则。

2.1.2　组合逻辑电路

在实际应用中，为了实现各种不同的逻辑功能，可以将逻辑门电路组合起来，构成各种组合逻辑电路。组合逻辑电路的特点是无反馈连接的电路，没有记忆单元，其任一时刻的输出状态仅取决于该时刻的输入状态，而与电路原有的状态无关。

2.1.3　组合逻辑电路的分析

组合逻辑电路的分析见图 2-11。

图 2-11　组合逻辑电路的分析步骤

例 2-9　分析图 2-12 所示逻辑电路的功能。

解：(1) 写出输出逻辑函数式

$$Y_1 = A \oplus B$$
$$Y = Y_1 \oplus C = A \oplus B \oplus C$$

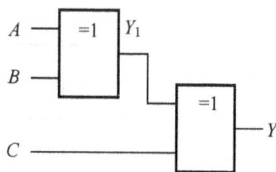

图 2-12　例 2-9 配图

(2) $Y = A \oplus B \oplus C = (A \oplus B)\overline{C} + \overline{A \oplus B} \cdot C = \overline{A}\,\overline{B}C$
$+ \overline{A}B\overline{C} + A\overline{B}\,\overline{C} + ABC$

(3) 由表达式列真值表如表 2-7 所示。

(4) 由真值表可知：

A、B、C 三个输入变量中，有奇数个 1 时，输出为 1，否则输出为 0。因此，图示电路为三位判奇电路，又称奇校验电路。

表 2-7　例 2-9 配表

输入			输出
A	B	C	Y
0	0	0	0
0	0	1	1
0	1	0	1
0	1	1	0
1	0	0	1
1	0	1	0
1	1	0	0
1	1	1	1

2.1.4　组合逻辑电路的设计

组合逻辑电路设计见图 2-13。组合逻辑电路设计是组合逻辑电路分析的逆过程。

图 2-13　组合逻辑电路设计的步骤

例 2-10　设计一个 A、B、C 三人表决电路。当表决某个提案时,多数人同意,提案通过,同时 A 具有否决权。用与非门实现。

解: (1) 分析设计要求,列出真值表

设 A、B、C 同意提案时取值为 1,不同意时取值为 0;Y 表示表决结果,提案通过则取值为 1,否则取值为 0。可得真值表如表 2-8 所示。

表 2-8　三人表决电路真值表

	输入		输出
A	B	C	Y
0	0	0	0
0	0	1	0
0	1	0	0
0	1	1	0
1	0	0	0
1	0	1	1
1	1	0	1
1	1	1	1

(2) 化简输出函数,如图 2-14 所示,并求最简与非式

$$Y = AC + AB = \overline{\overline{AC} + \overline{AB}} = \overline{\overline{AC} \cdot \overline{AB}}$$

(3) 根据输出逻辑表达式画逻辑图,如图 2-15 所示。

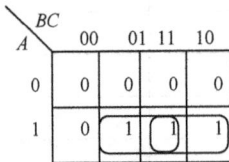

图 2-14　例 2-10 配图

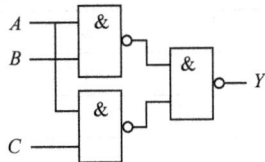

图 2-15　三人表决逻辑电路图

2.1.5　半加器

(1) 能对两个 1 位二进制数进行相加而求得和及进位,不考虑低位进位的逻辑电路称为半加器。

(2) 半加器的真值表如表 2-9 所示。A_i,B_i 是两个 1 位二进制数、是加数,S_i 是本位和,C_i 是进位。

表 2-9 半加器真值表

A_i	B_i	S_i	C_i
0	0	0	0
0	1	1	0
1	0	1	0
1	1	0	1

（3）半加器表达式

$$S_i = \overline{A_i}B_i + A_i\overline{B_i} = A_i \oplus B_i$$

$$C_i = A_iB_i$$

该电路只考虑本位两数相加和及进位，不考虑低位进位，称之为半加器（见图 2-16）。

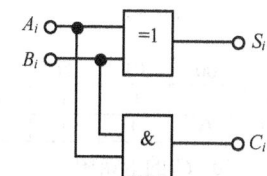

(a) 半加器逻辑电路图

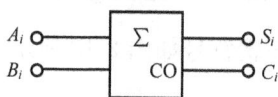

(b) 半加器逻辑符号

图 2-16 半加器电路图和逻辑符号

2.1.6 全加器

（1）能对两个 1 位二进制数进行相加并考虑低位来的进位，即相当于 3 个 1 位二进制数相加，求得和及进位的逻辑电路称为全加器。

（2）全加器的真值表如表 2-10 所示，A_i、B_i 为加数，C_{i-1} 为低位来的进位，S_i 为本位的和，C_i 为向高位的进位。

表 2-10 全加器的真值表

A_i	B_i	C_{i-1}	S_i	C_i
0	0	0	0	0
0	0	1	1	0
0	1	0	1	0
0	1	1	0	1
1	0	0	1	0
1	0	1	0	1
1	1	0	0	1
1	1	1	1	1

（3）全加器的卡诺图如图 2-17 所示，由图可得全加器的表达式

$$S_i = m_1 + m_2 + m_4 + m_7 = \overline{A_i}\,\overline{B_i}C_{i-1} + \overline{A_i}B_i\overline{C}_{i-1} + A_i\overline{B_i}\,\overline{C}_{i-1} + A_iB_iC_{i-1}$$

$$= \overline{A_i}(\overline{B_i}C_{i-1} + B_i\overline{C}_{i-1}) + A_i(\overline{B_i}\,\overline{C}_{i-1} + B_iC_{i-1}) = \overline{A_i}(B_i \oplus C_{i-1}) + A_i\,\overline{(B_i \oplus C_{i-1})}$$

$$= A_i \oplus B_i \oplus C_{i-1}$$

$$C_i = m_3 + m_5 + m_6 + m_7 = \overline{A_i}B_iC_{i-1} + A_i\overline{B_i}C_{i-1} + A_iB_i = (\overline{A_i}B_i + A_i\overline{B_i})C_{i-1} + A_iB_i$$

$$= (A_i \oplus B_i)C_{i-1} + A_iB_i$$

(a) S_i 的卡诺图

(b) C_i 的卡诺图

图 2-17　全加器卡诺图

（4）全加器的逻辑电路图和逻辑符号如图 2-18 所示。

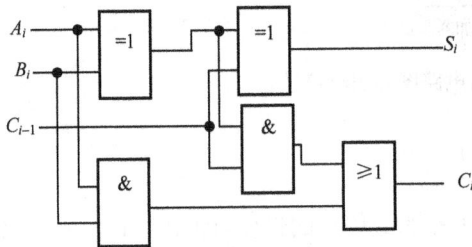

(a) 全加器逻辑电路图　　　　　　　　　　　　　(b) 全加器逻辑符号

图 2-18　全加器的逻辑电路图和逻辑符号

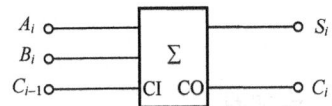

任　务　实　施

1. 半加器逻辑功能的测试

（1）按图 2-19 连接线。

（2）检查连线无误后按表 2-11 要求进行测试，结果填入表 2-11 中。

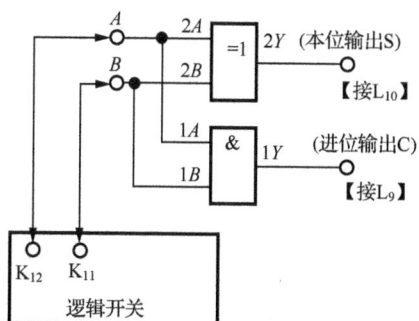

图 2-19　半加器连接图

表 2-11　半加器测试

输入		输出	
A	B	S(本)	C(进)
0	0		
0	1		
1	0		
1	1		

逻辑表达式：S=＿＿＿＿＿＿＿

C=＿＿＿＿＿＿＿

（3）选做实验。

按图 2-20 连线,并按表 2-12 要求完成测试,结果填入表 2-12,回答问题。

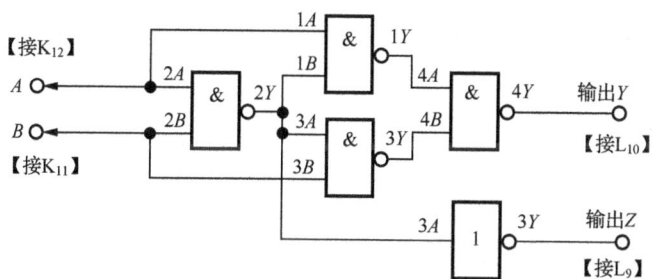

图 2-20　选做实验图

表 2-12　选做实验

输入		输出	
A	B	Y	Z
0	0		
0	1		
1	0		
1	1		

逻辑表达式：$Y=$＿＿＿＿＿＿＿

$\qquad\quad\ Z=$＿＿＿＿＿＿＿

$\qquad\quad$实现＿＿＿＿＿＿逻辑功能

2. 全加器逻辑功能的测试

（1）按图 2-21 连线，按表 2-13 要求测试，结果填入表 2-13 中。

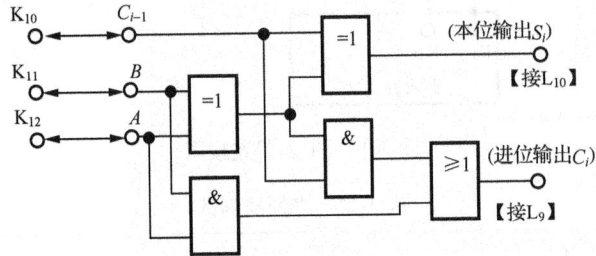

图 2-21　全加器连接图

表 2-13　全加器测试

输入			输出	
A	B	C_{i-1}	S_i	C_i
0	0	0		
0	0	1		
0	1	0		
0	1	1		
1	0	0		
1	0	1		
1	1	0		
1	1	1		

逻辑表达式：

$S_i=$＿＿＿＿＿＿＿

$C_i=$＿＿＿＿＿＿＿

（2）用 74LS138 译码器实现全加器的逻辑功能。

按图 2-22 接线，按表 2-13 测试。

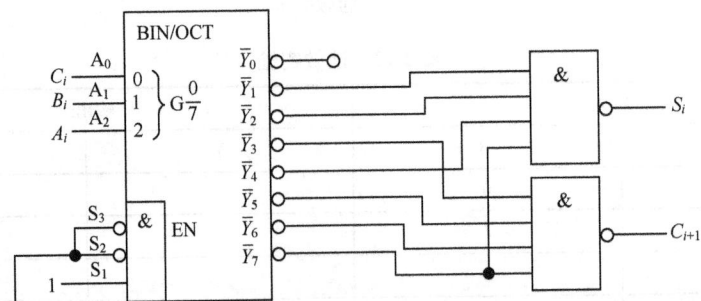

图 2-22　一位全加器逻辑图

知 识 拓 展

竞争冒险

1. 竞争与冒险

1）0 型冒险

图 2-23(b)中，当 A 由 1 变 0 的 t_2 时刻，由于 G_1 存在传输延迟 t_P，在 $t_2 \sim (t_2 + t_P)$ 期间，G_2 的两个输入均为 0，经 G_2 延迟 t_P 后，F 在 $(t_2 + t_P) \sim (t_2 + 2t_P)$ 期间为 0，产生了不应有的负窄脉冲（俗称毛刺），这种现象称为 0 型冒险。

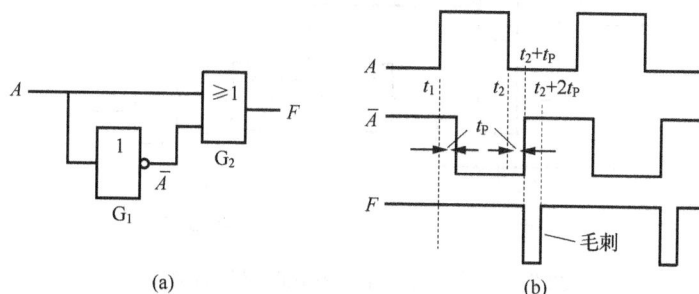

图 2-23　0 型冒险

2）1 型冒险

图 2-24(b)中，在输出端出现了不应有的正向毛刺，此称为 1 型冒险。

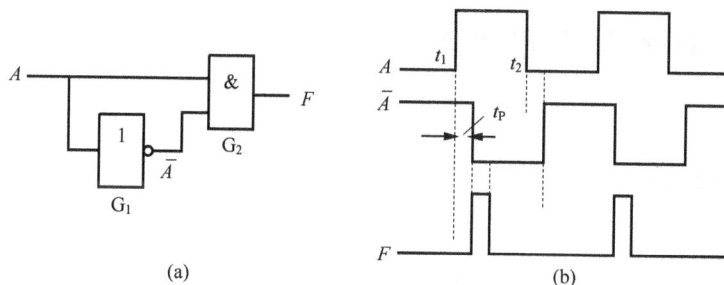

图 2-24　1 型冒险

3）多个输入信号变化时的冒险

一般来说，当一个门的输入有两个或两个以上信号发生改变时，由于这些信号是经过不同路径传输来的，因此使得它们状态改变的时刻有先有后，这种现象称为竞争。竞争的结果有时会导致冒险发生。图 2-25 所示为两个输入信号变化时的冒险。

2. 冒险的判断与消除

1）多个输入信号变化时冒险的消除

方法之一：加取样脉冲，如图 2-26 所示。

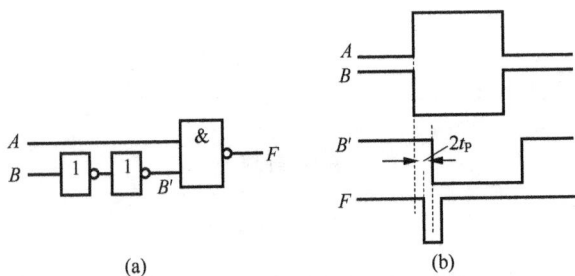

图 2-25 两个输入信号变化时的冒险

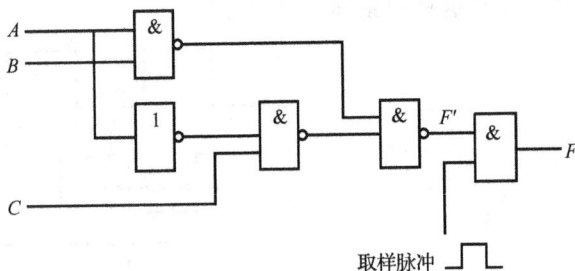

图 2-26 多个输入信号变化时冒险的消除

2) 0、1 型冒险的消除

对于 0、1 型冒险可利用卡诺图判断。具体方法是:在卡诺图中,若两个大卡诺圈(至少包含 2 个最小项)相切,即两圈不重叠,彼此之间又有相邻最小项时,则对应逻辑电路便可能产生冒险。

消除方法:在逻辑设计时增加冗余项。

思考与练习

1. 填空题

(1) 逻辑函数 $Y = ABC + \overline{A} + \overline{B} + \overline{C} = $ _____。

(2) 常见的逻辑函数的 4 种表示方法是_____、_____、_____、_____。

(3) 在函数 $F = ABC + AB + CD$ 的真值表中,$F = 1$ 的状态有_____。

(4) 利用反演规则写出函数 $Y = AB + C$ 的反函数,反函数 $\overline{Y} = $ _____。

(5) 利用对偶规则写出函数 $F = (A + B + C)\overline{A}\ \overline{B}\ \overline{C}$ 的对偶函数,对偶函数为_____。

2. 判断题

(1) 两个最小项的乘积恒为零。   (   )

(2) 异或函数与同或函数在逻辑上互为反函数。   (   )

(3) 因为逻辑函数 $A + B + AB = A + B$ 成立,所以 $AB = 0$ 成立。   (   )

(4) 如果两个函数具有不同的真值表,则两个逻辑函数必然不相等。   (   )

(5) 利用卡诺图化简逻辑表达式时,只要是相邻项即可画在圈中。 （　　）

3. 选择题

(1) 逻辑函数的表示方法中具有唯一性的是（　　）。

    A. 真值表　　　　B. 表达式　　　　　C. 逻辑图　　　　　D. 卡诺图

(2) 下列逻辑代数定律中,和普通代数相似的是（　　）。

    A. 结合律　　　　B. 分配律　　　　　C. 反演律　　　　　D. 重叠律

(3) $A + BC = （　　）$。

    A. $A + B$　　　　B. $A + C$　　　　C. $(A + B)(A + C)$　D. $B + C$

(4) 在下列各式中（　　）是三变量 A、B、C 的最小项。

    A. $A + B + C$　　B. $A + BC$　　　C. ABC　　　　　D. $AB + C$

(5) 若逻辑函数表达式 $= \overline{A + B}$,则下列表达式中与 F 相同的是（　　）。

    A. $F = \overline{AB}$　　　B. $F = \overline{A}\,\overline{B}$　　　C. $F = \overline{A} + \overline{B}$　　D. $B + C$

(6) 对于几个最小项的性质,正确的叙述是（　　）。

    A. 任何两个最小项的乘积值为 0,n 变量全体最小项之和值为 1

    B. 任何两个最小项的乘积值为 0,n 变量全体最小项之和值为 0

    C. 任何两个最小项的乘积值为 1,n 变量全体最小项之和值为 1

    D. 任何两个最小项的乘积值为 1,n 变量全体最小项之和值为 0

(7) 对逻辑函数的化简,通常是指将逻辑函数式化简成最简（　　）。

    A. 或—与式　　　B. 与非—与非式　C. 与或式　　　　　D. 与或非式

(8) 若逻辑函数 $F = A + ABC + BC + \overline{BC}$ 则 F 可简化为（　　）。

    A. $F = A + BC$　B. $F = A + C$　　C. $F = AB + \overline{B}C$　D. $F = A$

(9) 摩根定律(反演律)的正确表达式是（　　）。

    A. $\overline{A + B} = A \cdot B$　　　　　　　　B. $\overline{A + B} = \overline{A} + \overline{B}$

    C. $\overline{A + B} = A + B$　　　　　　　　D. $\overline{A + B} = \overline{A} \cdot \overline{B}$

(10) 逻辑项 $\overline{A}BCD$ 的相邻项有（　　）。

    A. $ABCD$　　　　B. $\overline{A}\,\overline{B}CD$　　　C. $AB\overline{C}\,\overline{D}$　　D. $A\overline{B}C\overline{D}$

4. 综合题

(1) 证明下列各逻辑函数等式。

① $A(\overline{A} + B) + B(B + C) + B = B$

② $\overline{A}B + A\overline{B} + AB = A + B$

③ $\overline{A}\,\overline{B} + \overline{A}B + A\overline{B} + AB = 1$

(2) 用公式法化简下列各逻辑函数。

① $Y = A\overline{B} + B + \overline{A}B$

② $F = AB C + \overline{A}\,\overline{C}D + A\overline{C}$

③ $Y = \overline{\overline{A}BC} + \overline{ABC}$

④ $F = A + B + C + D + \overline{A}\,\overline{B}\,\overline{C}\,\overline{D}$

⑤ $F = A + ABC + A\overline{BC} + BC + \overline{B}C$

（3）用卡诺图化简下列逻辑函数。

① $Y = A\overline{B} + B + \overline{A}B$

② $F(A,B,C,D) = A\overline{B} + BD + \overline{B}CD + \overline{A}D$

③ $F(A,B,C) = \sum m(0,2,4,5,6)$

④ $F(A、B、C、D) = \sum m(0,1,2,5,8,9,10,12,14)$

⑤ $F = \sum m(0,2,3,4,8,9) + \sum d(6,7,12,13,14,15)$

（4）写出图 2-27 所示各逻辑电路的逻辑函数表达式，并化简。

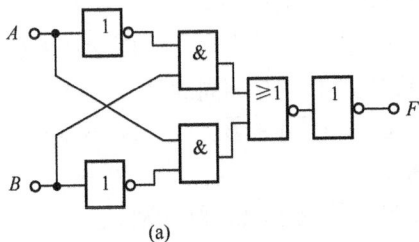

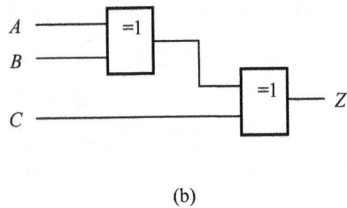

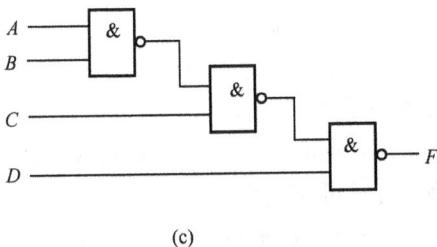

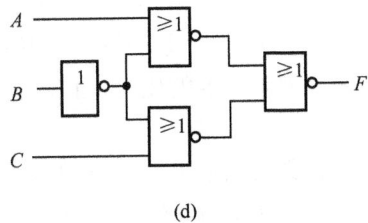

图 2-27　综合题（4）配图

（5）已知图 2-28 所示电路及输入 A、B 的波形，试画出相应的输出波形 F，不计门的延迟。

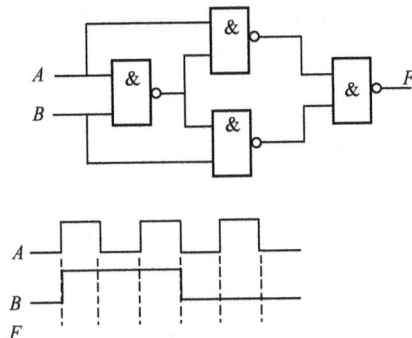

图 2-28　综合题（5）配图

（6）保险柜的两层门上各装有一个开关，当任何一层门打开时，报警灯亮，试用一逻辑门来实现。

（7）有一 T 行走廊，在相会处有一路灯，在进入走廊的 A、B、C 三地各有控制开关，都能独立进行控制,任意闭合一个开关,灯亮;任意闭合两个开关,灯灭;三个开关同时闭合,灯亮。设 A、B、C 代表 3 个开关(输入变量),开关闭合状态为"1",断开为"0";灯亮 Y(输出变量)为"1",灯灭 Y 为"0",试设计实现此功能的电路。

任务 2.2　产品质量判别电路的分析

任　务　目　标

1. 能分析产品质量判别电路的组成及工作过程。
2. 能识别和检测元器件。

知　识　解　析

2.2.1　工作原理

产品质量判别电路原理图如图 2-29 所示。

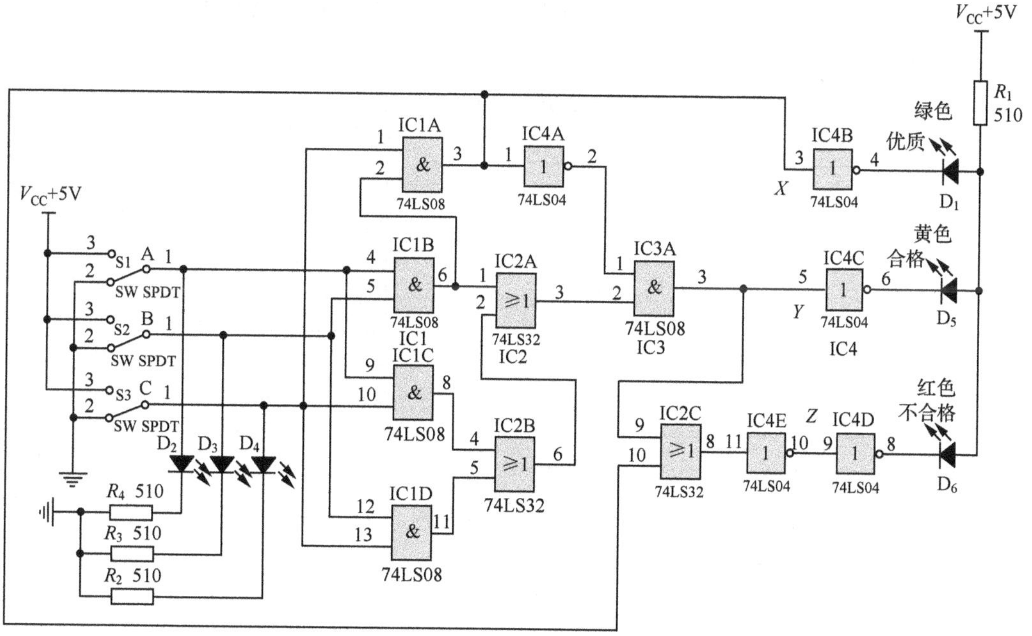

图 2-29　产品质量判别电路原理图

1) 电路构成

产品质量判别电路由集成电路 74LS08、74LS04、74LS32、电阻、开关和发光二极管组

成,其中 D_1、D_5、D_6 表示产品的三种质量等级,三种质量等级分别是:

(1) 绿色发光二极管 D_1 亮,表示产品优质(命名为 X)。

(2) 黄色发光二极管 D_5 亮,表示产品合格(命名为 Y)。

(3) 红色发光二极管 D_6 亮,表示产品不合格(命名为 Z)。

2) 产品质量判别电路输入、输出变量

(1) 输入逻辑变量为 3 个质检员(分别是 A,B,C)同时检测一个产品,若质检员认为产品合格,则按按钮(电路的输入信号为 1),若质检员认为产品不合格,则不按按钮(电路的输入信号为 0)。

(2) 输出逻辑变量为 3 个发光二极管 D_1、D_5、D_6(灯亮为 1,灯灭为 0),表示产品的三种质量等级。

3) 制作产品质量判别电路要求

(1) 若 3 个质检员都认为产品合格,则产品质量为优质,优质对应的二极管点亮,其余两个二极管为熄灭状态($X=1,Y=0,Z=0$)。

(2) 若 3 个质检员中只有两人认为产品合格,则产品质量合格,合格对应的二极管点亮,其余两个二极管为熄灭状态($X=0,Y=1,Z=0$)。

(3) 若 3 个质检员中只有一人认为产品合格,或者 3 个质检员都认为产品不合格,则产品质量不合格,不合格对应的二极管点亮,其余两个二极管为熄灭状态($X=0,Y=0,Z=1$)。

3 个发光二极管 D_1、D_5、D_6 与 3 个质检员 A、B、C 工作状态逻辑关系的真值表,如表 2-14 所示。

表 2-14　产品质量判别电路真值表

输入			输出			
A	B	C	X(绿灯)	Y(黄灯)	Z(红灯)	产品质量
0	0	0	0	0	1	不合格
0	0	1	0	0	1	不合格
0	1	0	0	0	1	不合格
0	1	1	0	1	0	合格
1	0	0	0	0	1	不合格
1	0	1	0	1	0	合格
1	1	0	0	1	0	合格
1	1	1	1	0	0	优质

由以上输入输出逻辑可以列出三个输出信号的表达式

$$X = ABC$$
$$Y = \overline{A}BC + A\overline{B}C + AB\overline{C} = \overline{ABC}(AB + AC + BC)$$
$$Z = \overline{A}\,\overline{B}\,\overline{C} + \overline{A}\,\overline{B}C + \overline{A}B\overline{C} + A\overline{B}\,\overline{C} = \overline{X + Y}$$

2.2.2　集成逻辑门电路

(1) CT74LS08 是 2 输入四与门,外形及外引线排列见图 2-30。

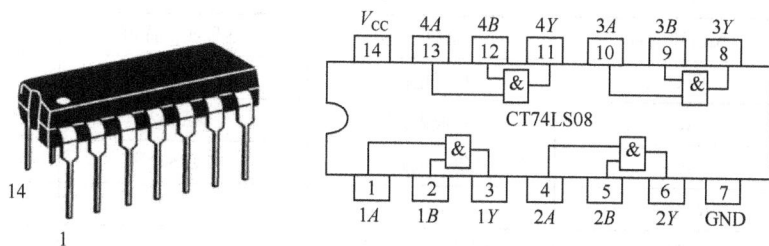

图 2-30 CT74LS08 外形图和外引线排列图

（2）CT74LS32 是 2 输入四或门，外形及外引线排列见如图 2-31。

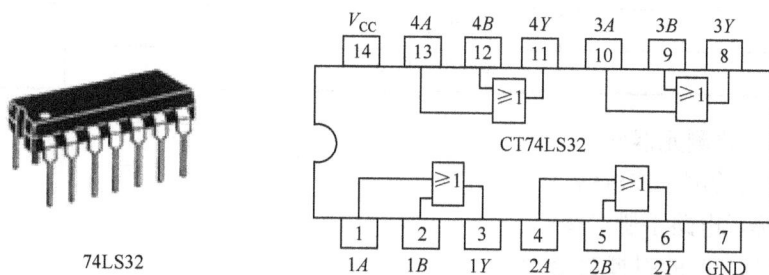

图 2-31 CT74LS32 外形图和外引线排列图

（3）CT74LS04 是 2 输入六非门，外引线排列见图 2-32。

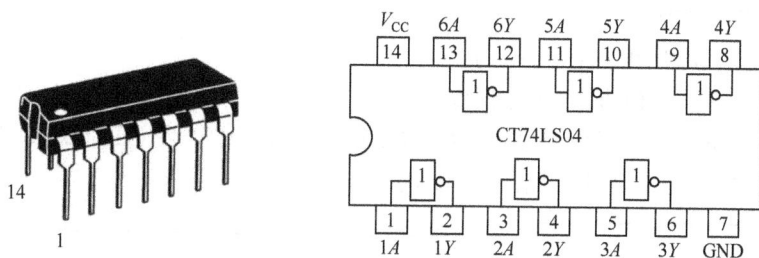

图 2-32 CT74LS04 外形图和外引线排列图

项 目 实 施

1．清点元器件

对照图 2-29 和元器件材料清单表（见表 2-15），清点元器件。

表 2-15 元器件清单

序号	元器件编号	元器件名称	型号或标称值	数量
1	IC_1、IC_3	集成电路	74LS08	2
2	IC_2	集成电路	74LS32	1
3	IC_4	集成电路	74LS04	1
4	$R_1\sim R_4$	电阻	510Ω	4
5	D_1	绿色发光二极管		1
6	D_5	黄色发光二极管		1
7	$D_2\sim D_4$、D_6	红色发光二极管		4
8		万能板		1块
9		焊锡丝		若干
10		焊接用细导线		若干

2. 识别与检测元器件

1) 识别与检测集成电路

(1) 查集成电路手册了解：

① CT74LS08 的引脚功能,含:

· 各引脚名称、用途;

· 电源端及工作电压值;

· 输入、输出端;

· 使用注意事项。

② CT74LS32 引脚功能,含:同上。

③ CT74LS04 引脚功能,含:同上。

(2) 查阅资料,识读图 2-30~图 2-32 所示集成门电路 CT74LS08、CT74LS32、CT 74LS08。完成每个集成电路的引脚示意图。

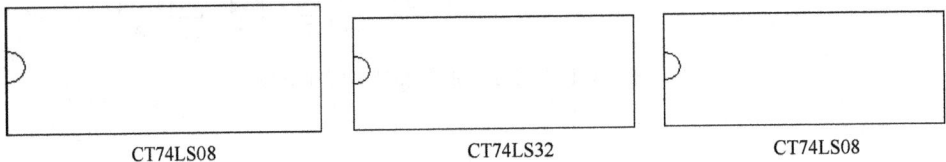

CT74LS08　　　　CT74LS32　　　　CT74LS08

(3) 写出每个集成电路的功能。

CT74LS08：_____;

CT 74LS32：_____;

CT74LS04：_____。

(4) 用万用表 $R\times 1k$ 挡,黑表笔接⑦脚,红表笔依次接①~⑥及⑧~⑬脚测每个集成电路的电阻值,填入表 2-16~表 2-18 中。

表 2-16　CT74LS08 引脚测量数据表

测法＼脚号	1	2	3	4	5	6	7	8	9	10	11	12	13	14
黑表笔接 7 脚红表笔测量														
红表笔接 7 脚黑表笔测量														

表 2-17　CT74LS32 引脚测量数据表

测法＼脚号	1	2	3	4	5	6	7	8	9	10	11	12	13	14
黑表笔接 7 脚红表笔测量														
红表笔接 7 脚黑表笔测量														

表 2-18　CT74LS04 引脚测量数据表

测法＼脚号	1	2	3	4	5	6	7	8	9	10	11	12	13	14
黑表笔接 7 脚红表笔测量														
红表笔接 7 脚黑表笔测量														

2) 发光二极管的识别与检测

从外观识别发光二极管,用万用表检测本项目所给的发光二极管,并完成表 2-19。

表 2-19　发光二极管的识别与检测表

二极管编号	种类	正向电阻	反向电阻	万用表量程	质量判别
D_1	绿色发光二极管				
D_5	黄色发光二极管				
$D_2 \sim D_4$、D_6	红色发光二极管				

3) 电阻 $R(R_1 \sim R_4) = 510\Omega$ 的检测:选用万用电表＿＿＿＿档,适当的量程为＿＿＿＿,实测值＝＿＿＿＿ Ω。

3. 制作产品质量判别电路

对元器件进行正确的装配与布局,并进行焊接。

操作步骤:

(1) 按工艺要求安装色环电阻。

(2) 按工艺要求安装发光二极管。

（3）按工艺要求安装集成电路 CT74LS08、CT74LS32、CT74LS04。

（4）对安装好的元器件进行手工焊接。

（5）检查焊点质量。

4. 调试产品质量判别电路

（1）检查集成块及外围元器件有无安装错误，各焊点质量是否符合要求。

（2）接通电源（$V_{CC}=+5V$），按表 2-20 所示的真值表验证电路功能，若电路功能不能实现，设法查找并排除故障。

（3）查找并排除故障方法：先检查集成块外围元器件是否安装错误，元器件参数是否正常，集成块是否损坏。

表 2-20　产品质量判别电路真值表

输入			输出			
A	B	C	X(绿灯)	Y(黄灯)	Z(红灯)	产品质量
0	0	0				
0	0	1				
0	1	0				
0	1	1				
1	0	0				
1	0	1				
1	1	0				
1	1	1				

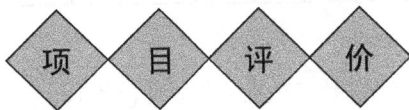

项　目　评　价

表 2-21　项目评价表

评价内容	配分	评分标准	自我评分	小组评分	教师评分
知识内容	10	1. 不能说出产品质量判别电路的组成，酌情扣 1~5 分 2. 不能分析产品质量判别电路的工作过程的，扣 5 分			
选配元器件	20	1. 不能正确识别元器件的，选错一个扣 1 分 2. 不能正确检测元器件的，测错一个扣 1 分			
安装工艺与焊接质量	30	安装工艺与焊接质量不符合要求，每处可酌情扣 1~3 分，例如： 1. 元器件成形不符合要求 2. 元器件排列与接线的走向错误或明显不合理 3. 导线连接质量差，没有紧贴电路板 4. 焊接质量差，出现虚焊、漏焊、搭锡等			

续表

评价内容	配分	评分标准	自我评分	小组评分	教师评分
电路调试	10	1. 电路一次通电调试成功,得满分 2. 如在通电调试时发现电路安装或接线错误,每处扣 3~5 分			
电路检测	20	1. 能正确用万用表测量在路电阻、电压,且记录完整,可得满分 2. 否则每项酌情扣 2~5 分			
安全、文明操作	10	1. 违反操作规程,产生不安全因素,可酌情 7~10 分 2. 迟到、早退、工作场地不清洁,每次扣 1~2 分			
其他项目		1. 第一个完成电路安装并检测成功的小组,加 3 分 2. 在完成个人项目前提下,协助老师或帮助其他同学解决问题(安装中的困难)的,经教师确认,加 1~5 分			
合计					
综合评分					

要求:评价要客观公正、全面细致、认真负责。

项 目 总 结 与 汇 报

1. 汇报内容

(1)演示制作的项目作品。

(2)讲解项目电路的组成及工作原理。

(3)与大家分享制作、调试中遇到的问题及解决的方法。

2. 汇报要求

(1)演示作品时要边演示边讲解电路的组成及原理。

(2)要重点讲解制作、调试中遇到的问题及解决的方法。

项目3 数字显示抢答器电路的制作

◇ 项 ◇ 目 ◇ 描 ◇ 述 ◇

在很多知识竞赛、文体娱乐活动（抢答活动）中，经常出现抢答环节，主持人多数采用让选手通过举手、举答题板的方法判断选手的答题权，这在某种程度上会因为主持人的主观识断造成比赛有失公平。为了能准确、公正、直观地判断出哪一组或哪一位选手先答题，常使用抢答器来进行判断，通过抢答器以指示灯显示、数码显示和语音提示等手段指示出第一抢答者。本项目通过数字显示八路抢答器电路的制作学习编码、显示译码电路知识。

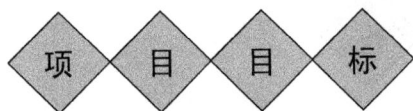

◇ 项 ◇ 目 ◇ 目 ◇ 标 ◇

知识目标
- 了解数制与数码的种类及运算；
- 能对常用的组合逻辑电路进行分析；
- 理解8路抢答器电路的工作原理。

技能目标
- 会用门电路进行电路设计，实现相应的逻辑功能；
- 能制作8路抢答器。

项　目　准　备

任务 3.1　编码器的分析与测试

任　务　目　标

1. 能掌握数制与码制的种类,以及各数制间的转换与码制之间的转换。
2. 能掌握编码器的功能,能描述优先编码器的编码特点。
3. 能对照功能真值表测试 8/3 线优先编码器 74LS148 和 10/4 线优先编码器 74LS147 的逻辑功能。

任　务　要　求

使用实验室提供的数字逻辑实验箱,按任务实施步骤测试编码器的功能。

知　识　解　析

3.1.1　数制与编码的基础知识

3.1.1.1　数制

数制是一种计数的方法,它是进位计数制的简称。这些数制所用的数字符号叫做数码,某种数制所用数码的个数称为基数。

1) 十进制

日常生活中人们最习惯用的是十进制数。十进制是以 10 为基数的计数制。在十进制数中,有 0~9 共十个数码,它的进位规则是"逢十进一、借一当十"。

2) 二进制

数字电路中应用最广泛的是二进制。二进制是以 2 为基数的计数制。在二进制数中,仅有 0 和 1 两个不同的数码,它的进位规则是"逢二进一、借一当二"。

3) 十六进制

十六进制有 0、1、2、3、4、5、6、7、8、9、A、B、C、D、E、F 共十六个不同数码。计数基数是 16,它的进位规则是"逢十六进一,借一当十六"。

4）二进制数与十进制数之间的转换

二进制数与十进制数之间的比较和转换方法如表 3-1 所示。

表 3-1　二进数制和十进制数对比

种类\项目	十进制（用 D 表示）	二进制（用 B 表示）
进位规则	向高位数的进位规则是"逢十进一"，给低位数的借位规则是"借一当十"	向高位数的进位规则是"逢二进一"，给低位数的借位规则是"借一当二"
数码符号	0、1、2、3、4、5、6、7、8、9	0、1
加权系数展开式	$(N)_{10} = a_{n-1}a_{n-2}\cdots a_1a_0a_{-1}a_{-2}\cdots a_{-m}$ $= a_{n-1} \times 10^{n-1} + a_{n-2} \times 10^{n-2} + \cdots + a_1 \times 10^1 + a_0 \times 10^0 + a_{-1} \times 10^{-1} + a_{-2} \times 10^{-2} + \cdots a_{-m} \times 10^{-m}$ 式中，N 的下标 10 表示 N 为十进制数	$(N)_2 = a_{n-1}a_{n-2}\cdots a_1a_0a_{-1}a_{-2}\cdots a_{-m}$ $= a_{n-1} \times 2^{n-1} + a_{n-2} \times 2^{n-2} + \cdots + a_1 \times 2^1 + a_0 \times 2^0 + a_{-1} \times 2^{-1} + a_{-2} \times 2^{-2} + \cdots a_{-m} \times 2^{-m}$ 式中，N 的下标 2 表示 N 为二进制数
二进制转十进制	把二进制数写成展开式，按十进制加法规则求和	
十进制转二进制（整数）	"除 2 取余，倒记法"，即：用 2 去除十进制整数，可以得到一个商和余数；再用 2 去除商，又会得到一个商和余数，如此进行，直到商为零时为止，然后把先得到的余数作为二进制数的低位有效位，后得到的余数作为二进制数的高位有效位，依次排列起来	
十进制转二进制（小数）	"乘 2 取整，顺记法"，即：用 2 乘十进制小数，可以得到积，将乘积的整数部分取出，再用 2 乘余下的小数部分，又得到一个乘积，再将乘积的整数部分取出，如此进行，直到乘积中的小数部分为零，或都达到所要求的精度为止。然后把取出的整数部分按顺序排列起来，先取的整数作为二进制小数的高位有效位，后取的整数作为低位有效位	

例 3-1　把二进制数 1010.11 转换成十进制数。

解：$(1010.11)_2 = 1 \times 2^3 + 0 \times 2^2 + 1 \times 2^1 + 0 \times 2^0 + 1 \times 2^{-1} + 1 \times 2^{-2}$

$= 8 + 0 + 2 + 0.5 + 0.25$

$= (10.75)_{10}$

例 3-2　把 $(175)_{10}$ 转换为二进制数。

解：

即 $(175)_{10} = (10101111)_2$

例3-3　把$(0.8125)_{10}$转换为二进制小数。

解：

$$
\begin{array}{r}
0.812\ 5 \\
\underline{2} \\
1.625\ 0 \quad\cdots\cdots\text{取整数：1} \\
0.625\ 0 \\
\underline{2} \\
1.250\ 0 \quad\cdots\cdots\text{取整数：1} \\
5.25 \\
\underline{2} \\
5.00 \quad\cdots\cdots\text{取整数：0} \\
\underline{2} \\
1.00 \quad\cdots\cdots\text{取整数：1}
\end{array}
$$

顺记数

即$(0.8125)_{10}=(0.1101)_2$

表 3-2　各种进制对照表

十进制	二进制	八进制	十六进制	十进制	二进制	八进制	十六进制
0	0000	0	0	8	1000	10	8
1	0001	1	1	9	1001	11	9
2	0010	2	2	10	1010	12	A
3	0011	3	3	11	1011	13	B
4	0100	4	4	12	1100	14	C
5	0101	5	5	13	1101	15	D
6	0110	6	6	14	1110	16	E
7	0111	7	7	15	1111	17	F

3.1.1.2　编码

数码不仅可以表示数值的大小，而且还能用来表示各类特定的对象。例如一栋教学楼的每一间教室都有自己的一个号码101、102、…，显然，这些号码只是用来区别不同的教室，已失去数值大小的含义。这种用数码来表示特定对象的过程称为编码，用于编码的数码称为代码。编码的方法有很多种，我们把各种编码的制式叫码制。

1）二进制代码

数字系统处理的信息，一类是数值，另一类则是文字和符号，这些信息往往采用多位二进制数码来表示。通常把这种表示特定对象的多位二进制数叫二进制代码。二进制代码与所表示的信息之间应具有一一对应的关系，用n位二进制数可以组合成2^n个代码，若需要编码的信息有N项，则应满足$2^n \geq N$。

2）BCD码

在数字系统中，各种数据要转换为二进制代码才能进行处理，而人们习惯于使用十进制数,所以在数字系统的输入输出中仍采用十进制数,电路处理时则采用二进制数,这样就产生了用四位二进制数分别表示 0~9 这 10 个十进制数码的编码方法,我们把这种用于表示一位十进制数的四位二进制代码称为二-十进制代码,简称 BCD 码。由于四位二进制数可以组成 $2^4=16$ 个代码,而十进制数码只需要其中的十个代码。因此 16 种组合中选取 10 种组合方式,便可得到多种二-十进制编码的方案,表 3-3 是常用的 BCD 码。

表 3-3　常用 BCD 编码表

编码类型 / 十进制数	8421 码	5421 码	2421 码	余 3 码	格雷码
0	0000	0000	0000	0011	0000
1	0001	0001	0001	0100	0001
2	0010	0010	0010	0101	0011
3	0011	0011	0011	0110	0010
4	0100	0100	0100	0111	0110
5	0101	1000	0101	1000	0111
6	0110	1001	0110	1001	0101
7	0111	1010	0111	1010	0100
8	1000	1011	1110	1011	1100
9	1001	1100	1111	1100	1101
权	8421	5421	2421		

8421BCD 码是使用最多的一种编码。在用 4 位二进制数码来表示 1 位十进制数时,每 1 位二进制数的位权依次为 2^3、2^2、2^1、2^0,即 8421,所以叫 8421 码。

8421BCD 码和十进制数间的转换直接按位权转换。因此

$$(N)_{10} = \alpha_3 \times 8 + \alpha_2 \times 4 + \alpha_1 \times 2 + \alpha_0 \times 1$$

式中,N——0~9 中任一数码;

α——二进制代码 0 或 1。

例 3-4　用 8421BCD 码表示十进制数 98。

解:

$$9 \qquad\qquad\qquad\qquad 8$$
$$\downarrow \qquad\qquad\qquad\qquad \downarrow$$
$$1\times8+0\times4+0\times2+1\times1 \qquad 1\times8+0\times4+0\times2+0\times1$$
$$1001 \qquad\qquad\qquad 1000$$

所以 $(98)_{10} = (10011000)_{8421BCD}$

BCD 码用 4 位二进制代码表示的只是十进制数的一位。如果是多位十进制数,应先将每一位用 BCD 码表示,然后组合起来。

格雷码是一种无权码。它有很多种编码方式,但各种格雷码都有一个共同特点,即任意两个相邻码之间只有一位不同。

3.1.2　编码器

实现编码功能的组合逻辑电路称为编码器(设置在数字电路输入的部分)。常见的有二进制编码器、二-十进制编码器(BCD 编码器)和优先编码器等。

3.1.2.1　二进制编码器

用 n 位二进制代码对 2^n 个信号进行编码的电路称为二进制编码器。下面以 3 位二进制编码器为例,分析编码器的工作原理。

3 位二进制编码器示意图如图 3-1 所示。$I_0 \sim I_7$ 表示 8 路输入,分别代表十进制数 $0 \sim 7$ 共八个数字。编码器的输出是 3 位二进制代码,用 Y_0、Y_1、Y_2 表示。编码器在任何时刻只能对 $0 \sim 7$ 中的一个输入信号进行编码,不允许同时输入两个信号。由此得出编码器的真值表,如表 3-4 所示。

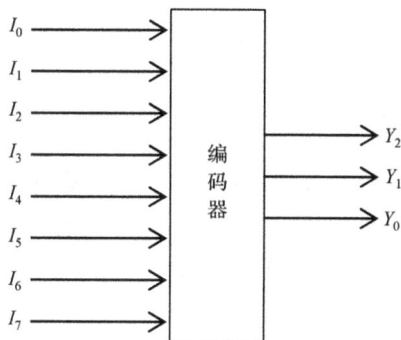

图 3-1　3 位二进制编码器示意图

表 3-4　3 位二进制编码器真值表

十进制	输入变量								输出		
	I_7	I_6	I_5	I_4	I_3	I_2	I_1	I_0	Y_2	Y_1	Y_0
0	0	0	0	0	0	0	0	1	0	0	0
1	0	0	0	0	0	0	1	0	0	0	1
2	0	0	0	0	0	1	0	0	0	1	0
3	0	0	0	0	1	0	0	0	0	1	1
4	0	0	0	1	0	0	0	0	1	0	0
5	0	0	1	0	0	0	0	0	1	0	1
6	0	1	0	0	0	0	0	0	1	1	0
7	1	0	0	0	0	0	0	0	1	1	1

从真值表可以写出逻辑函数表达式为

$$Y_2 = I_4 + I_5 + I_6 + I_7$$
$$Y_1 = I_2 + I_3 + I_6 + I_7$$
$$Y_0 = I_1 + I_3 + I_5 + I_7$$

根据上述逻辑表达式可画出由 3 个或门组成的 3 位二进制编码器，如图 3-2 所示。

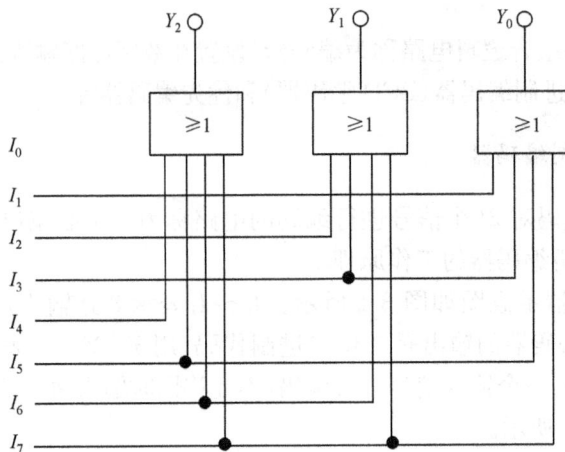

图 3-2　3 位二进制编码器逻辑电路图

3.1.2.2　二-十进制编码器

将 0~9 十个十进制数编成二进制代码（8421BCD 码）的电路，叫做二-十进制编码器，也称为 10 线-4 线编码器。下面以 8421 编码器为例，说明电路的结构与工作原理。

$I_0 \sim I_9$ 表示 10 路输入变量，Y_0、Y_1、Y_2、Y_3 作为 4 个输出线，则 8421 编码器的真值如表 3-5 所示。

表 3-5　8421BCD 编码器真值表

十进制数	输入										输出			
	I_9	I_8	I_7	I_6	I_5	I_4	I_3	I_2	I_1	I_0	Y_3	Y_2	Y_1	Y_0
0	0	0	0	0	0	0	0	0	0	1	0	0	0	0
1	0	0	0	0	0	0	0	0	1	0	0	0	0	1
2	0	0	0	0	0	0	0	1	0	0	0	0	1	0
3	0	0	0	0	0	0	1	0	0	0	0	0	1	1
4	0	0	0	0	0	1	0	0	0	0	0	1	0	0
5	0	0	0	0	1	0	0	0	0	0	0	1	0	1
6	0	0	0	1	0	0	0	0	0	0	0	1	1	0
7	0	0	1	0	0	0	0	0	0	0	0	1	1	1
8	0	1	0	0	0	0	0	0	0	0	1	0	0	0
9	1	0	0	0	0	0	0	0	0	0	1	0	0	1

根据其真值表可以写出逻辑函数表达式，再变换为与非形式为

$$Y_0 = I_1 + I_3 + I_5 + I_7 + I_9 = \overline{\overline{I_1}\ \overline{I_3}\ \overline{I_5}\ \overline{I_7}\ \overline{I_9}}$$

$$Y_1 = I_2 + I_3 + I_6 + I_7 = \overline{\overline{I_2}\ \overline{I_3}\ \overline{I_6}\ \overline{I_7}}$$

$$Y_2 = I_4 + I_5 + I_6 + I_7 = \overline{\overline{I_4} \ \overline{I_5} \ \overline{I_6} \ \overline{I_7}}$$

$$Y_3 = I_8 + I_9 = \overline{\overline{I_8} \ \overline{I_9}}$$

根据逻辑表达式可以画出 8421BCD 编码器逻辑电路图。如图 3-3 所示。

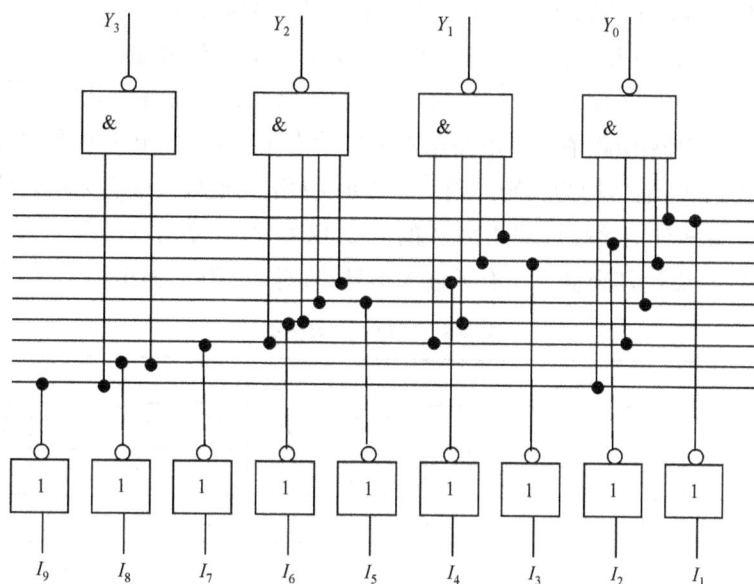

图 3-3 8421BCD 编码器逻辑电路图

3.1.2.3 优先编码器

在二进制编码器、二-十进制编码器等编码器中,在同一时刻仅允许有一个输入信号,如有两个或两个以上信号同时输入,输出就会出现错误的编码。而优先编码器中则不存在这样的问题。允许同时输入两个或两个以上输入信号,电路将对优先级别高的输入信号编码,这样的电路称为优先编码器。

1) 8/3 线优先编码器 74LS148

74LS148 的外引脚排列如图 3-4 所示,$\overline{I_0} \sim \overline{I_7}$ 为输入端,低电平有效;$\overline{Y_0} \sim \overline{Y_2}$ 为输出端,低电平有效,即输出是以反码形式对输入信号的编码;$\overline{ST}$ 为输入使能端,$\overline{Y}_S$ 为输出使能端,$\overline{Y}_{EX}$ 为输出编码有效标志端,均为低电平有效。

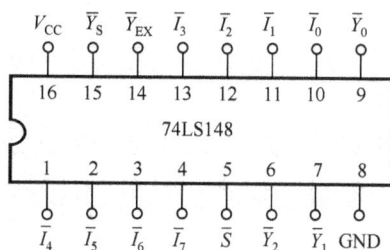

图 3-4 74LS148 优先编码器的引脚排列图

$\overline{ST}=0$ 时实现 8 线—3 线编码功能；$\overline{ST}=1$ 时禁止输入，输出与输入无关均为无效电平。在 $\overline{ST}=0$，输入中有信号（$\overline{I_0}\sim\overline{I_7}$ 中有 0 时），$\overline{Y}_{EX}=0$，表示此时输出是对输入有效编码；$\overline{ST}=0$ 及无输入信号（$\overline{I_0}\sim\overline{I_7}$ 中无 0）或禁止输入（$\overline{ST}=1$）时，$\overline{Y}_{EX}=1$，表示输出信号无效。当编码器处于编码状态（$\overline{ST}=0$）且输入无信号时，输出使能端 $\overline{Y}_S=0$。$\overline{Y}_S$ 可作为下一编码器的 $\overline{ST}$ 输入，用于扩展编码位数。74LS148 真值表如表 3-6 所示。

图 3-4 中 $\overline{I_0}\sim\overline{I_7}$ 为输入端，$\overline{I_7}$ 的优先权最高，其余输入优先级依次为 $\overline{I_6}$、$\overline{I_5}$、$\overline{I_4}$、$\overline{I_3}$、$\overline{I_2}$、$\overline{I_1}$。$\overline{Y_0}$、$\overline{Y_1}$、$\overline{Y_2}$ 为输出端，在 $\overline{ST}$ 电路正常工作状态下，输入低电平 0 有效，即 0 表示有信号，1 表示无信号，输出均为反码。当 $\overline{I_7}=0$ 时，无论其他输入端有无输入信号（表中以 ×表示），输出端只对 $\overline{I_7}$ 编码，输出为 7 的 8421BCD 码的反码，即 $\overline{Y_2}\,\overline{Y_1}\,\overline{Y_0}=000$。当 $\overline{I_7}=1$、$\overline{I_6}=0$ 时，无论其余输入端有无输入信号，只对 $\overline{I_6}$ 编码，输出为 $\overline{Y_2}\,\overline{Y_1}\,\overline{Y_0}=001$。

表 3-6　74LS148 真值表

输入									输出				
$\overline{ST}$	$\overline{I_0}$	$\overline{I_1}$	$\overline{I_2}$	$\overline{I_3}$	$\overline{I_4}$	$\overline{I_5}$	$\overline{I_6}$	$\overline{I_7}$	$\overline{Y_2}$	$\overline{Y_1}$	$\overline{Y_0}$	$\overline{Y_S}$	$\overline{Y_{EX}}$
1	×	×	×	×	×	×	×	×	1	1	1	1	1
0	1	1	1	1	1	1	1	1	1	1	1	0	1
0	×	×	×	×	×	×	×	0	0	0	0	1	0
0	×	×	×	×	×	×	0	1	0	0	1	1	0
0	×	×	×	×	×	0	1	1	0	1	0	1	0
0	×	×	×	×	0	1	1	1	0	1	1	1	0
0	×	×	×	0	1	1	1	1	1	0	0	1	0
0	×	×	0	1	1	1	1	1	1	0	1	1	0
0	×	0	1	1	1	1	1	1	1	1	0	1	0
0	0	1	1	1	1	1	1	1	1	1	1	1	0

2）10/4 线优先编码器 74LS147

74LS147 的外引脚排列如图 3-5 所示，$\overline{I_1}\sim\overline{I_9}$ 为输入端，低电平有效；$\overline{Y_0}\sim\overline{Y_3}$ 为输出端，低电平有效，即输出反码。

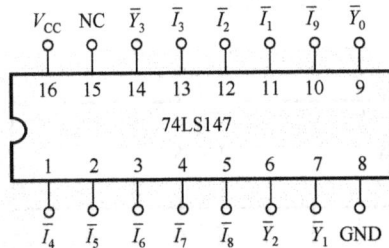

图 3-5　74LS147 优先编码器的引脚排列图

⬤任 ⬤务 ⬤实 ⬤施

1. 查找集成电路手册了解以下内容

(1) 74LS147 和 74LS148 的功能及其引脚排列与名称。

(2) 电源端及工作电源电压值。

(3) 输入、输出及相关控制端。

2. 验证 10-4 线优先编码器 74LS147

将 74LS147 插入 16B 插座中,按图 3-6 连线,按表 3-7 要求测试,结果填入表 3-7 中。

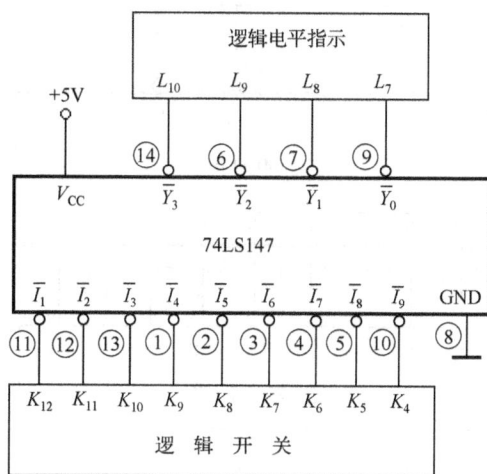

图 3-6   10-4 线优先编码器连接图

表 3-7   10-4 线优先编码器功能表(74LS147)

十进制数	输入									输出			
	$\overline{I_1}$	$\overline{I_2}$	$\overline{I_3}$	$\overline{I_4}$	$\overline{I_5}$	$\overline{I_6}$	$\overline{I_7}$	$\overline{I_8}$	$\overline{I_9}$	$\overline{Y_3}$	$\overline{Y_2}$	$\overline{Y_1}$	$\overline{Y_0}$
9	×	×	×	×	×	×	×	×	0				
8	×	×	×	×	×	×	×	0	1				
7	×	×	×	×	×	×	0	1	1				
6	×	×	×	×	×	0	1	1	1				
5	×	×	×	×	0	1	1	1	1				
4	×	×	×	0	1	1	1	1	1				
3	×	×	0	1	1	1	1	1	1				
2	×	0	1	1	1	1	1	1	1				
1	0	1	1	1	1	1	1	1	1				
0	1	1	1	1	1	1	1	1	1				

说明：

（1）在断电下进行接线；

（2）①、②、…表示 16B 插座外围的脚号；

（3）74LS147 的电源不需另接＋5V（内部已接电源）。

（4）'×'表示任意状态，不用理会。

3. 验证 8-3 线优先编码器 74LS148

将 74LS148 插入 16A 插座中，按图 3-7 连线，按表 3-8 要求测试，结果填入表 3-8 中。

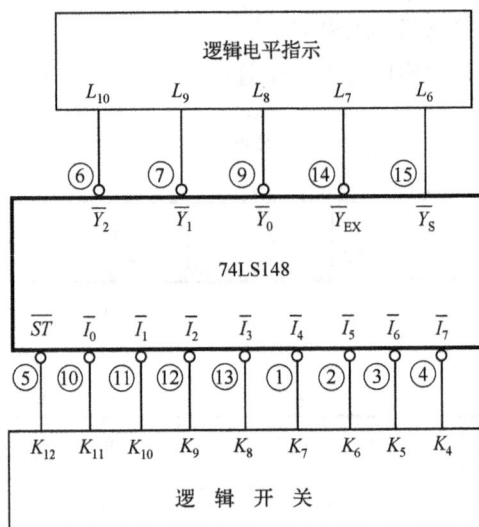

图 3-7　8-3 线优先编码器连接图

表 3-8　8-3 线优先编码器（74LS148）功能表

输入									输出				
$\overline{ST}$	$\overline{I}_0$	$\overline{I}_1$	$\overline{I}_2$	$\overline{I}_3$	$\overline{I}_4$	$\overline{I}_5$	$\overline{I}_6$	$\overline{I}_7$	$\overline{Y}_2$	$\overline{Y}_1$	$\overline{Y}_0$	$\overline{Y}_{EX}$	$\overline{Y}_S$
1	×	×	×	×	×	×	×	×					
0	1	1	1	1	1	1	1	1					
0	×	×	×	×	×	×	×	0					
0	×	×	×	×	×	×	0	1					
0	×	×	×	×	×	0	1	1					
0	×	×	×	×	0	1	1	1					
0	×	×	×	0	1	1	1	1					
0	×	×	0	1	1	1	1	1					
0	×	0	1	1	1	1	1	1					
0	0	1	1	1	1	1	1	1					

说明：

（1）在断电下进行接线；

（2）①、②、⑪、…表示 16B 插座外围的脚号；

（3）74LS148 的电源不需另接＋5V（内部已接电源）。

4．编码、译码、显示器综合实验（选做实验）

编码、译码、显示器综合实验电路如图 3-8 所示，其功能如表 3-9 所示。

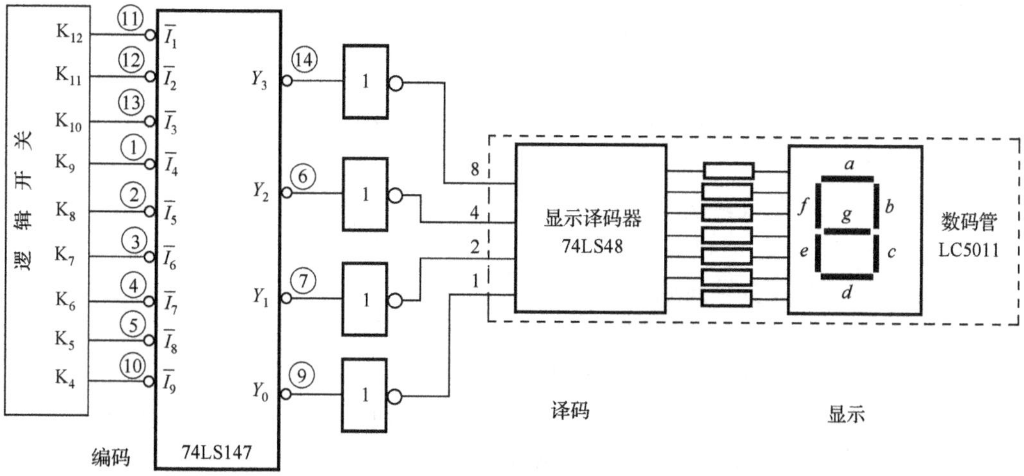

图 3-8　编码、译码、显示器综合实验电路

表 3-9　编码、译码、显示器综合实验电路功能

十进制数	输入									显示字形
	$\bar{I}_1$	$\bar{I}_2$	$\bar{I}_3$	$\bar{I}_4$	$\bar{I}_5$	$\bar{I}_6$	$\bar{I}_7$	$\bar{I}_8$	$\bar{I}_9$	
9	×	×	×	×	×	×	×	×	0	
8	×	×	×	×	×	×	×	0	1	
7	×	×	×	×	×	×	0	1	1	
6	×	×	×	×	×	0	1	1	1	
5	×	×	×	×	0	1	1	1	1	
4	×	×	×	0	1	1	1	1	1	
3	×	×	0	1	1	1	1	1	1	
2	×	0	1	1	1	1	1	1	1	
1	0	1	1	1	1	1	1	1	1	
0	1	1	1	1	1	1	1	1	1	

思考与练习

1. 填空题

(1) 十进制如用 8421BCD 码表示,则每一位十进制数可用_____来表示,其权值从高位到低位依次为_____、_____、_____、_____。

(2) 格雷码是一种_____权码,而 8421 码是一种_____权码。

(3) 数字电路中,常用的计数制除十进制外,还有_____、_____、_____。

(4) 编码器是将一种编码转换为_____的逻辑电路。

2. 数制之间转换

(1) 将下列二进制数转换成十进制数。

　　① $(10101)_2$　　② $(1110110)_2$　　③ $(11001101)_2$　　④ $(100001)_2$

(2) 将下列十进制数转换成二进制数。

　　① $(37)_{10}$　　② $(25)_{10}$　　③ $(48)_{10}$　　④ $(76)_{10}$

(3) 将下列十进制数转换成 8421BCD 码。

　　① $(29)_{10}$　　② $(35)_{10}$　　③ $(77)_{10}$　　④ $(98)_{10}$

(4) 将下列 8421BCD 码转换成十进制数。

　　① $(01110101)_{8421BCD}$　　　　　② $(100001110011)_{8421BCD}$

3. 简答题

(1) BCD 编码器,有几个信号输入端,有几个信号输出端? 所以 BCD 编码器又叫做什么编码器?

(2) 什么叫优先编码器?

任务 3.2　译码显示电路的分析与测试

任　务　目　标

1. 了解译码器的基本原理和掌握译码器的扩展和应用。

2. 掌握用译码器构成逻辑函数的方法。

3. 熟悉 74LS138、74LS42、74LS48 集成块的使用。

任　务　要　求

用实验室提供的数字逻辑实验箱,按任务实施步骤测试译码显示电路的功能。

知 识 解 析

3.2.1　二进制译码器

将每一组输入的二进制代码"翻译"成为一个特定的输出信号,用来表示该组代码原来所代表的信息的过程(编码的逆过程)称为译码。实现译码功能的数字电路称为译码器。

将输入的二进制代码翻译成为原来对应信息的组合逻辑电路,称为二进制译码器。它具有 n 个输入端,2^n 个输出端,故称之为 $n/2^n$ 线译码器。图 3-9 所示为 3/8 线译码器的逻辑电路图。

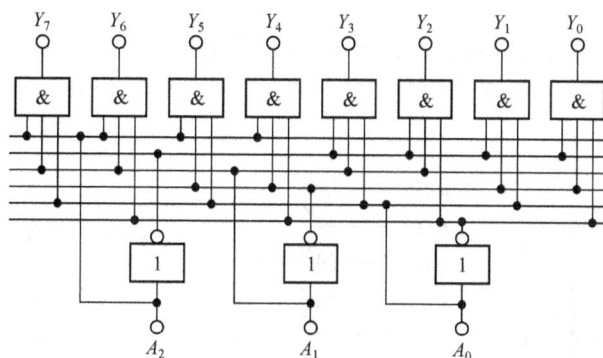

图 3-9　3/8 线译码器的逻辑电路图

3.2.2　二-十进制译码器

二-十进制译码器(又称为 BCD 码译码器)是将输入的每一组 4 位二进制码翻译成对应的 1 位十进制数。8421BCD 码译码器是最常用的 BCD 码译码器,有 4 个输入端,10 个输出端,又称为 4/10 线译码器,其逻辑电路图如图 3-10 所示。

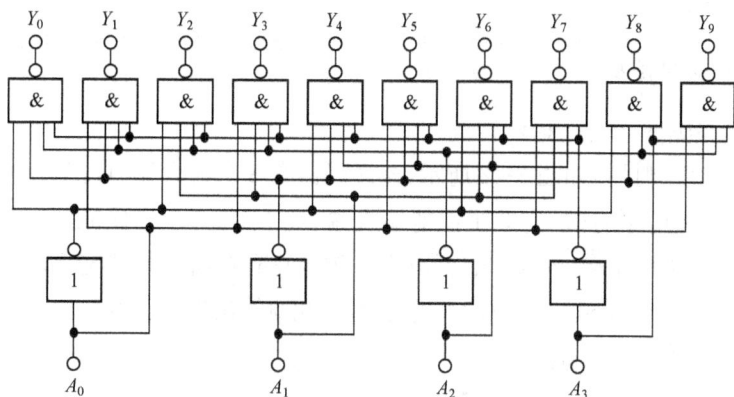

图 3-10　二-十进制译码器逻辑电路图

应当注意的是,BCD 码译码器的输入状态组合中共有 6 个伪码状态存在。8421BCD 码译码器的 6 个伪码状态组合为1010~1111。在设计 BCD 码译码器时,应使电路具有拒绝伪码的功能,即当输入端出现不应被翻译的伪码状态时,输出均呈无效电平。图 3-10 的 8421BCD 码译码器具有拒绝伪码的功能。

3.2.3 半导体数码管

将发光二极管(LED)组成 7 段数字图形封装在一起,就做成发光数码管,又称七段 LED 显示器,其内部结构如图 3-11(a)所示。这些发光二极管一般采用两种连接方式,即共阴极接法和共阳极接法。图 3-11(b)中,各发光二极管的阴极连接在一起,接低电平,$a \sim h$各引脚中任一脚为高电平时相应的发光段发光(h 为小数点);图 3-11(c)中,各发光二极管的阳极连接在一起,接高电平,$a \sim h$ 各引脚中任一脚为低电平时相应的发光段发光。

半导体 LED 显示元件的特点是清晰悦目,工作电压低($1.5 \sim 3\text{V}$)、体积小、响应速度快、颜色丰富多彩(有红、黄、绿等颜色)、工作可靠。半导体数码管是目前最常用的数字显示元件。

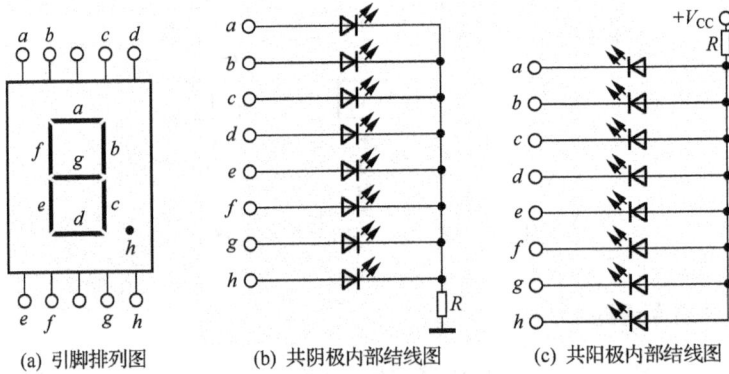

(a) 引脚排列图   (b) 共阴极内部结线图   (c) 共阳极内部结线图

图 3-11 七段 LED 显示器

3.2.4 集成译码器

3.2.4.1 通用译码器

1) 3/8 线译码器 74LS138

74LS138 的引脚排列如图 3-12 所示,该译码器有 3 个输入端 A_0、A_1、A_2;有 8 个输出端 $\overline{Y}_0 \sim \overline{Y}_7$,输出低电平有效;有 3 个使能输入端 S_A、$\overline{S}_B$、$\overline{S}_C$,3 个使能输入信号之间是与逻辑关系,S_A 高电平有效,$\overline{S}_B$ 和 $\overline{S}_C$ 低电平有效。只有在所有使能输入端都为有效电平($S_A\overline{S}_B\overline{S}_C = 100$)时,73LS138 才对输入进行译码,相应输出端为低电平。在 $S_A\overline{S}_B\overline{S}_C \neq 100$ 时,译码器停止译码,输出无效电平(高电平)。

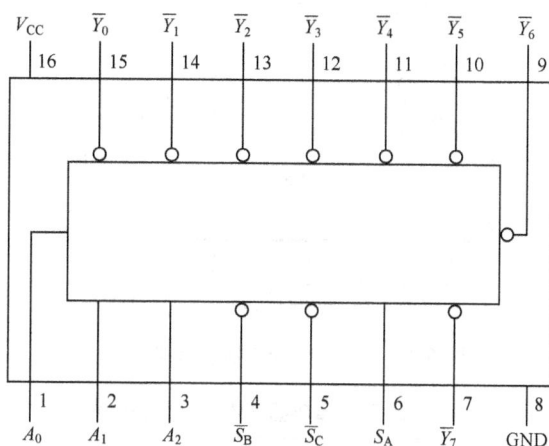

图 3-12　74 LS138 译码器引脚排列图

2) 4/10 线译码器 74LS42

74LS42 是二-十进制译码器,输入为 8421BCD 码,有 10 个输出,又叫 4/10 线译码器,其引脚排列如图 3-13 所示。该译码器的输入端为 A_0、A_1、A_2、A_3;输出端为 $\overline{Y}_0 \sim \overline{Y}_9$,输出低电平有效。例如,当 $A_3A_2A_1A_0 = 0000$ 时,输出端 $\overline{Y}_0 = 0$,其余输出端均为 1;当 $A_3A_2A_1A_0 = 0001$ 时,输出端 $\overline{Y}_1 = 0$,其余输出端均为 1。如果输入 1010~1111 这 6 个伪码时,输出 $\overline{Y}_0 \sim \overline{Y}_9$ 均为 1,所以它具有拒绝伪码的功能。

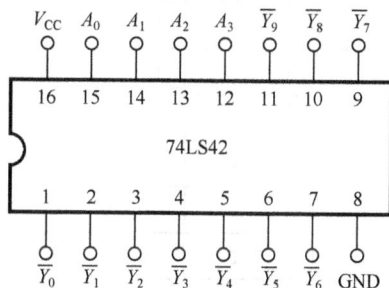

图 3-13　74 LS42 译码器引脚排列图

3.2.4.2　显示译码器

显示译码器是将 BCD 代码译成数码管所需要的相应高、低电平,使数码管显示 BCD 段码所表示的对应十进制数。显示译码器的种类和型号很多,现以 74LS48 为例介绍。

74LS48 的引脚排列如图 3-14 所示。其中 A_3、A_2、A_1、A_0 是 8421BCD 码输入端;$a \sim g$ 是七段译码器输出驱动信号,输出高电平有效,可直接驱动共阴极数码管;$\overline{LT}$ 是试灯输入端,低电平有效,用于检查显示数码管的好坏;$\overline{BI}$ 是灭灯输入端,低电平有效;$\overline{RBI}$ 是灭零输入端,低电平有效,当 $\overline{LT} = 1$,且输入二进制码 0000 时,若 $\overline{RBI} = 1$,会产生 0 的七段显示码,若 $\overline{RBI} = 0$,则显示器全灭;$\overline{RBO}$ 是灭零输出端(与灭灯输入端 $\overline{BI}$ 共一个引脚),当 $\overline{LT} = 1$,$\overline{RBI} = 0$,且输入二进制码 0000 时,$\overline{RBO} = 0$,用以指示该片正处于灭零状态。74LS48 的逻辑功能表如表 3-10 所示。

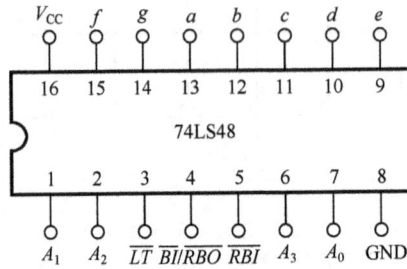

图 3-14　74LS48 译码器引脚排列图

表 3-10　七段显示译码器 74LS48 的逻辑功能表

功能 （输入）	输入						输入/输出	输出							显示 字形
	$\overline{LT}$	$\overline{RBI}$	A_3	A_2	A_1	A_0	$\overline{BI}/\overline{RBO}$	a	b	c	d	e	f	g	
0	1	1	0	0	0	0	1	1	1	1	1	1	1	0	0
1	1	×	0	0	0	1	1	0	1	1	0	0	0	0	1
2	1	×	0	0	1	0	1	1	1	0	1	1	0	1	2
3	1	×	0	0	1	1	1	1	1	1	1	0	0	1	3
4	1	×	0	1	0	0	1	0	1	1	0	0	1	1	4
5	1	×	0	1	0	1	1	1	0	1	1	0	1	1	5
6	1	×	0	1	1	0	1	1	0	1	1	1	1	1	6
7	1	×	0	1	1	1	1	1	1	1	0	0	0	0	7
8	1	×	1	0	0	0	1	1	1	1	1	1	1	1	8
9	1	×	1	0	0	1	1	1	1	1	0	0	1	1	9
10	1	×	1	0	1	0	1	0	0	0	1	1	0	1	c
11	1	×	1	0	1	1	1	0	0	1	1	0	0	1	ɔ
12	1	×	1	1	0	0	1	0	1	0	0	0	1	1	⊔
13	1	×	1	1	0	1	1	1	0	0	1	0	1	1	⊑
14	1	×	1	1	1	0	1	0	0	0	1	1	1	1	⊏
15	1	×	1	1	1	1	1	0	0	0	0	0	0	0	全灭
灭灯	×	×	×	×	×	×	0	0	0	0	0	0	0	0	全灭
灭零	1	0	0	0	0	0	0	0	0	0	0	0	0	0	全灭
试灯	0	×	×	×	×	×	1	1	1	1	1	1	1	1	8

　　七段显示译码器 74LS48 与共阴极七段数码管显示器 BS201A 的连接方法如图 3-15 所示。

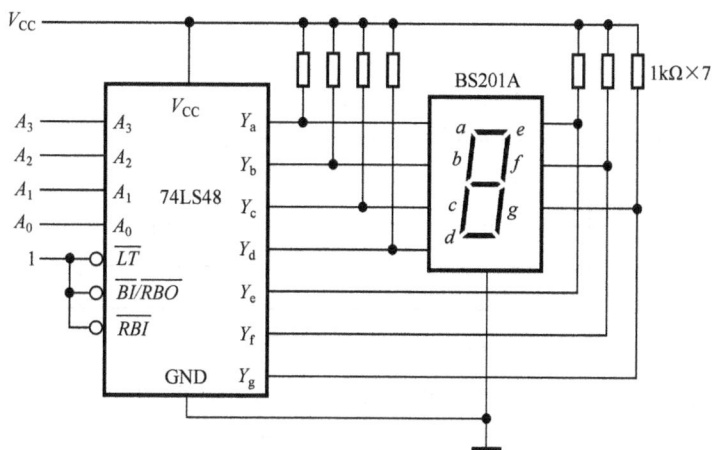

图 3-15　七段显示译码器和数码管应用图

任　务　实　施

1. 查找集成电路手册了解以下内容

(1) 74LS139 的功能及其引脚排列与名称。

(2) 电源端及其工作电压值。

(3) 输入、输出及相关控制端。

2. 验证 2-4 线译码功能(用 74LS139 实现)

将 74LS139 插入 16B 插座中,按图 3-16 连线,按表 3-11 要求测试,结果填入表 3-11 中。

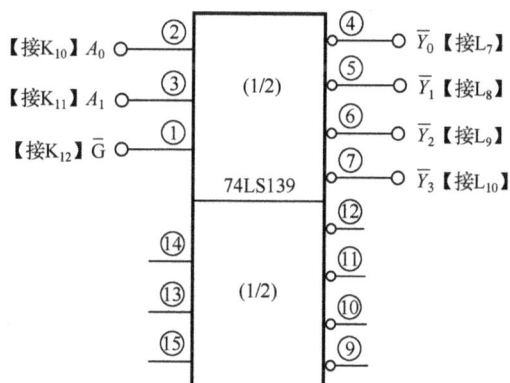

图 3-16　2-4 线译码器连接图

说明:(1) 在断电下接线;(2) ①、②、③……表示 16B 插座外围的脚号;

(3) 不需另接+5V 电源;(4) ⑨~⑭引脚不需连接。

表 3-11 2-4 线译码器功能表

输入			输出				输入			输出			
$\overline{G}$	A_1	A_0	$\overline{Y_3}$	$\overline{Y_2}$	$\overline{Y_1}$	$\overline{Y_0}$	$\overline{G}$	A_1	A_0	$\overline{Y_3}$	$\overline{Y_2}$	$\overline{Y_1}$	$\overline{Y_0}$
0	0	0					1	0	0				
0	0	1					1	0	1				
0	1	0					1	1	0				
0	1	1					1	1	1				

3. 验证 3-8 线译码功能(仍用 74LS139)

保持 74LS139 不变,按图 3-17 连线,按表 3-12 要求测试,结果填入表 3-12 中。

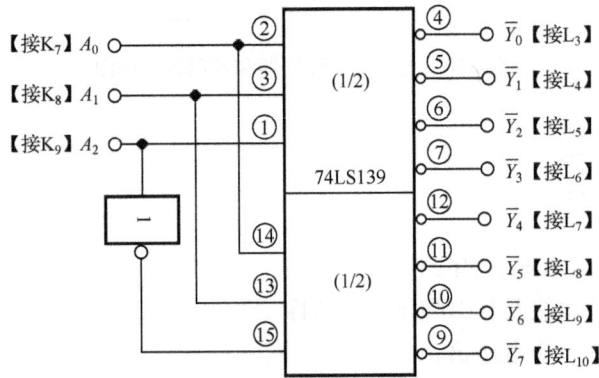

图 3-17 3-8 线译码器连接图

表 3-12 3-8 线译码器功能表

输入			输出							
A_2	A_1	A_0	$\overline{Y_7}$	$\overline{Y_6}$	$\overline{Y_5}$	$\overline{Y_4}$	$\overline{Y_3}$	$\overline{Y_2}$	$\overline{Y_1}$	$\overline{Y_0}$
0	0	0								
0	0	1								
0	1	0								
0	1	1								
1	0	0								
1	0	1								
1	1	0								
1	1	1								

4. 验证 74LS48 与 LC5011 构成的显示译码器功能

按图 3-18 连线(只接输入端即可),按表 3-13 要求输入变量,观察输出,结果填入表 3-13 中。

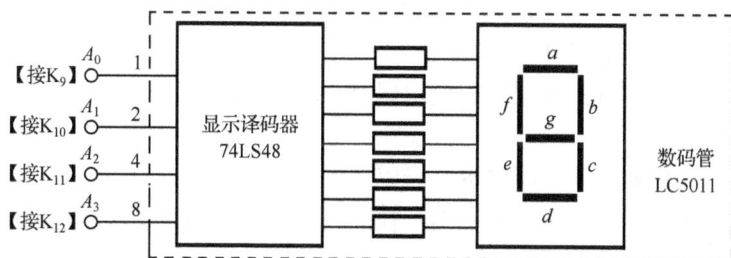

图 3-18 显示译码器连接图

说明：图中虚线内电路已在实验箱内部连接好,只需连接输入端即可。

表 3-13 显示译码器功能表

十进制数	输入				输出							字形
	A_3	A_2	A_1	A_0	a	b	c	d	e	f	g	
0	0	0	0	0								
1	0	0	0	1								
2	0	0	1	0								
3	0	0	1	1								
4	0	1	0	0								
5	0	1	0	1								
6	0	1	1	0								
7	0	1	1	1								
8	1	0	0	0								
9	1	0	0	1								
10	1	0	1	0								
11	1	0	1	1								
12	1	1	0	0								
13	1	1	0	1								

说明：(1) a、b、c、…字段对应发光填'1',否则填'0';

(2) 填写字形要标准,例如'0'即'▢','1'即'|'。

思考与练习

1. 判断题

(1) 十进制数 25 用 8421BCD 码表示为 10101。 （ ）

(2) 编码器的编码信号是相互排斥的,不允许多个编码信号同时有效。 （ ）

(3) 编码与译码是互逆的过程。 （ ）

(4) 二进制译码器相当于是一个最小项发生器,便于实现组合逻辑电路。 （ ）

(5) 七段数码显示器 BS202 是共阳极 LED 管。　　　　　　　　　(　)

(6) 四输入的译码器,其输出端最多为 8 个。　　　　　　　　　　(　)

(7) 八输入端的编码器按二进制数编码时,输出端的个数是 3 个。　　(　)

2. 简答题

(1) 什么叫译码器? 什么叫二进制译码器?

(2) 七段数码显示器有哪两种类型? 在配合显示译码器使用时,应如何对应选用?

(3) 什么叫显示译码器?

(4) 数字显示器件有几种类型?

任务 3.3　抢答器电路的分析

任　务　目　标

1. 能分析八路数显抢答器电路的组成及工作过程。
2. 能识别和检测贴片元器件。

知　识　解　析

3.3.1　工作原理

全贴片八路数字抢答器电路设计采用数字电路中广泛应用的时基电路和译码驱动,电路元件全部采用当前最流行的贴片封装系列,是比较实用的 SMT 焊接实训电路。

全贴片八路数显抢答器电路原理如图 3-19 所示。电路包括抢答,编码,优先,锁存,数显及复位电路。可同时进行八路优先抢答,按键按下后,蜂鸣器发声,同时(数码管)显示优先抢答者的号数,抢答成功后,再按按键,显示不会改变,除非按复位键。复位后,显示清零,可继续抢答。S1～S8 为抢答键,S9 为复脚位键。CD4511 是一块含 BCD-7 段锁存/译码/驱动电路于一体的集成电路,其中 1、2、6、7 为 BCD 码输入端,9～15 脚为显示输出端,3 脚($\overline{\text{LT}}$)为测试输入端,当"$\overline{\text{LT}}$"为 0 时,输出全为 1,4 脚($\overline{\text{BL}}$)为消隐端,$\overline{\text{BL}}$ 为 0 时输出全为 0,5 脚(LE)为锁存允许端,当 LE 由"0"变为"1"时,输出端保持 LE 为 0 时的显示状态。16 脚为电源正,8 脚为接地端。555 及外围电路组成抢答器讯响电路。数字显示采用发光二极管组合而成的数码管。

3.3.2　集成显示译码器 CD4511

CD4511 是一个用于驱动共阴极 LED (数码管)显示器的 BCD 码-七段码译码器,特点:具有 BCD 转换、消隐和锁存控制、七段译码及驱动功能的 CMOS 电路能提供较大的拉电流。可直接驱动 LED 显示器。如图 3-20 所示为其引脚排列图。

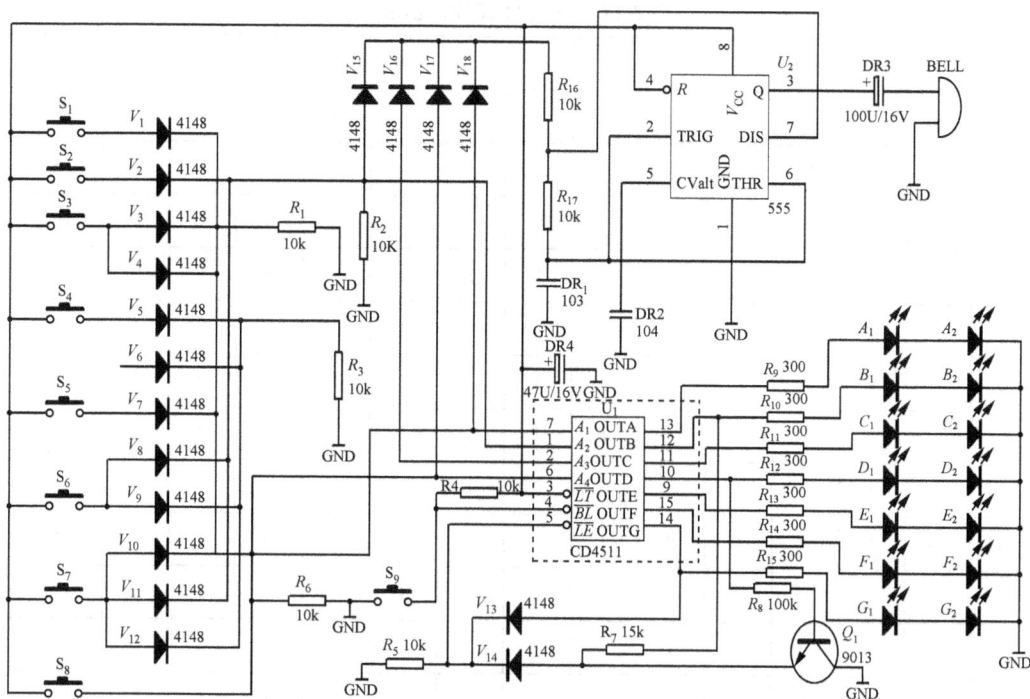

图 3-19 八路数显抢答器电路原理图

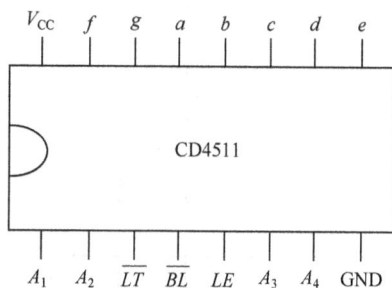

图 3-20 CD4511 引脚排列图

CD4511 的工作真值表如表 3-14 所示,其功能介绍如下。$\overline{BL}$:4 脚是消隐输入控制端,当 $\overline{BL}=0$ 时,不管其他输入端状态如何,七段数码管均处于熄灭(消隐)状态,不显示数字。$\overline{LT}$:3 脚是测试输入端,当 $\overline{BL}=1$,$\overline{LT}=0$ 时,译码输出全为 1,不管输入 $A_3A_2A_1A_0$ 状态如何,七段均发亮,显示"8"。它主要用来检测数码管是否损坏。LE:锁定控制端,当 $LE=0$ 时,允许译码输出。$LE=1$ 时译码器是锁定保持状态,译码器输出被保持在 $LE=0$ 时的数值。A_1、A_2、A_3、A_4 为 8421BCD 码输入端。a、b、c、d、e、f、g 为译码输出端,输出为高电平 1 有效。

表 3-14　CD4511 工作真值表

输入							输出							
LE	$\overline{BL}$	$\overline{LT}$	D	C	B	A	a	b	c	d	e	f	g	显示
×	×	0	×	×	×	×	1	1	1	1	1	1	1	8
×	0	1	×	×	×	×	0	0	0	0	0	0	0	消隐
0	1	1	0	0	0	0	1	1	1	1	1	1	0	0
0	1	1	0	0	0	1	0	1	1	0	0	0	0	1
0	1	1	0	0	1	0	1	1	0	1	1	0	1	2
0	1	1	0	0	1	1	1	1	1	1	0	0	1	3
0	1	1	0	1	0	0	0	1	1	0	0	1	1	4
0	1	1	0	1	0	1	1	0	1	1	0	1	1	5
0	1	1	0	1	1	0	0	0	1	1	1	1	1	6
0	1	1	0	1	1	1	1	1	1	0	0	0	0	7
0	1	1	1	0	0	0	1	1	1	1	1	1	1	8
0	1	1	1	0	0	1	1	1	1	0	0	1	1	9
0	1	1	1	0	1	0	0	0	0	0	0	0	0	消隐
0	1	1	1	0	1	1	0	0	0	0	0	0	0	消隐
0	1	1	1	1	0	0	0	0	0	0	0	0	0	消隐
0	1	1	1	1	0	1	0	0	0	0	0	0	0	消隐
0	1	1	1	1	1	0	0	0	0	0	0	0	0	消隐
0	1	1	1	1	1	1	0	0	0	0	0	0	0	消隐
1	1	1	×	×	×	×	锁存							锁存

3.3.3　贴片元件

1) 贴片电阻

贴片电阻常见封装有 9 种,用两种尺寸代码来表示。一种尺寸代码是由 4 位数字表示的 EIA(美国电子工业协会)代码,前两位与后两位分别表示电阻的长与宽,以英寸为单位。我们常说的 0603 封装就是指英制代码。另一种是公制代码,也由 4 位数字表示,其单位为毫米。如图 3-21 所示。

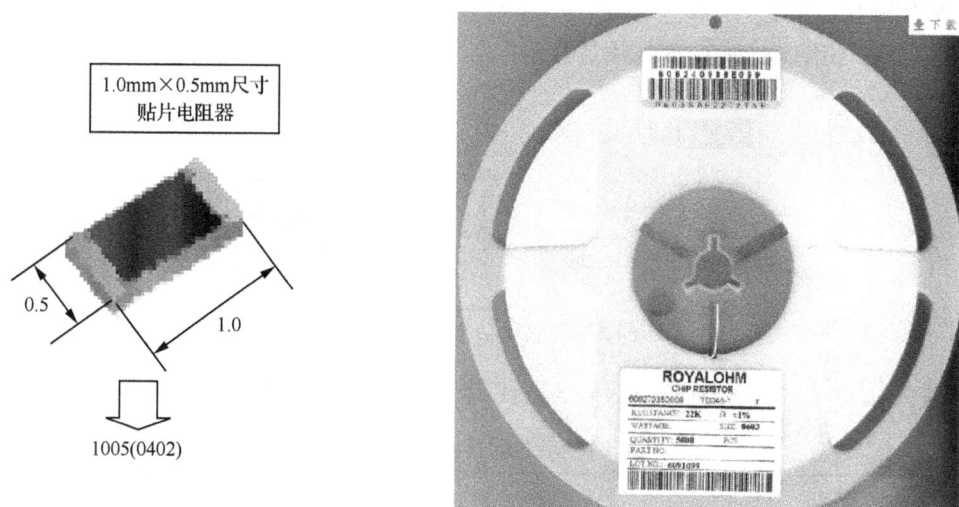

图 3-21 贴片电阻尺寸和外型

贴片电阻封装英制和公制的关系及详细的尺寸,如图 3-22,表 3-15 所示。

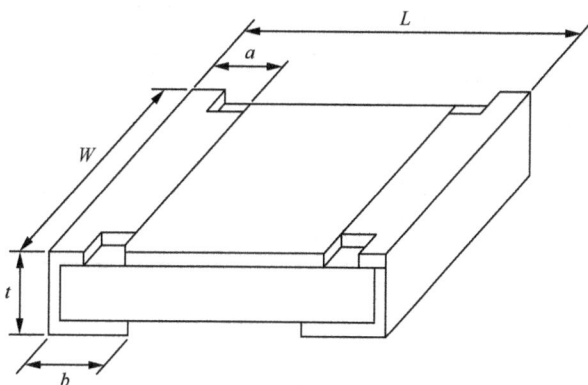

图 3-22 贴片电阻尺寸示意图

表 3-15 贴片电阻封装英制和公制的尺寸

英制 /inch	公制 /mm	长(L) /mm	宽(W) /mm	高(t) /mm	A /mm	B /mm
0201	0603	0.60±0.05	0.30±0.05	0.23±0.05	0.10±0.05	0.15±0.05
0402	1005	1.00±0.10	0.50±0.10	0.30±0.10	0.20±0.10	0.25±0.10
0603	1608	1.60±0.15	0.80±0.15	0.40±0.10	0.30±0.20	0.30±0.20
0805	2012	2.00±0.20	1.25±0.15	0.50±0.10	0.40±0.20	0.40±0.20
1206	3216	3.20±0.20	1.60±0.15	0.55±0.10	0.50±0.20	0.50±0.20
1210	3225	3.20±0.20	2.50±0.20	0.55±0.10	0.50±0.20	0.50±0.20
1812	4832	4.50±0.20	3.20±0.20	0.55±0.10	0.50±0.20	0.50±0.20
2010	5025	5.00±0.20	2.50±0.20	0.55±0.10	0.60±0.20	0.60±0.20
2512	6432	6.40±0.20	3.20±0.20	0.55±0.10	0.60±0.20	0.60±0.20

微型贴片电阻上的代码一般标为 3 位数或 4 位数,3 位数精度为 5%,4 位数的精度为 1%。可以借助带光源的放大镜观看贴片电阻上的字符参数,如图 3-23 所示。

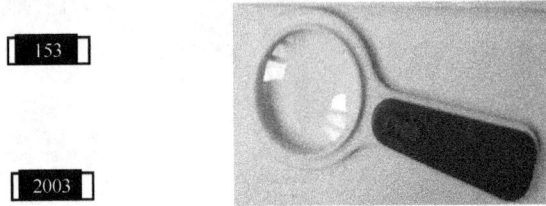

图 3-23　放大镜观看贴片电阻

表 3-16 和表 3-17 分别给出部分 3 位代码贴片电阻和 4 位代码贴片电阻参数。

表 3-16　3 位代码贴片电阻参数

代码为 3 位数精度 5% 数字代码=电阻阻值	代码为 3 位数精度 5% 数字代码=电阻阻值	代码为 3 位数精度 5% 数字代码=电阻阻值	代码为 3 位数精度 5% 数字代码=电阻阻值
$1R_1=1.1\Omega$	$R_{22}=0.22\Omega$	$R_{33}=0.33\Omega$	$R_{47}=0.47\Omega$
$R_{68}=0.68\Omega$	$R_{82}=0.82\Omega$	$1R_0=1\Omega$	$1R_2=1.2\Omega$
$2R_2=2.2\Omega$	$3R_3=3.3\Omega$	$2R_7=4.7\Omega$	$5R_6=5.6\Omega$
$6R_8=6.8\Omega$	$8R_2=8.2\Omega$	$100=10\Omega$	$120=12\Omega$
$150=15\Omega$	$180=18\Omega$	$220=22\Omega$	$270=27\Omega$
$330=33\Omega$	$390=39\Omega$	$470=47\Omega$	$560=56\Omega$

表 3-17　4 位代码贴片电阻参数

代码为 4 位数精度 1% 数字代码=电阻阻值	代码为 4 位数精度 1% 数字代码=电阻阻值	代码为 4 位数精度 1% 数字代码=电阻阻值	代码为 4 位数精度 1% 数字代码=电阻阻值
$0000=00\Omega$	$00R_1=0.1\Omega$	$0R_{22}=0.22\Omega$	$0R_{47}=0.47\Omega$
$0R_{68}=0.68\Omega$	$0R_{82}=0.82\Omega$	$1R_{00}=1\Omega$	$1R_{20}=1.2\Omega$
$2R_{20}=2.2\Omega$	$3R_{30}=3.3\Omega$	$6R_{80}=6.8\Omega$	$8R_{20}=8.2\Omega$
$10R_0=10\Omega$	$11R_0=11\Omega$	$12R_0=12\Omega$	$13R_0=13\Omega$
$15R_0=15\Omega$	$16R_0=16\Omega$	$18R_0=18\Omega$	$20R_0=20\Omega$
$24R_0=24\Omega$	$27R_0=27\Omega$	$30R_0=30\Omega$	$33R_0=33\Omega$
$36R_0=36\Omega$	$39R_0=39\Omega$	$43R_0=43\Omega$	$47R_0=47\Omega$

2) 贴片排阻

贴片排阻(8P4R)的外形及内部结构如图 3-24 所示。贴片排阻的字符参数与贴片电阻读数类似,该贴片排阻由内部 4 个独立的电阻构成。

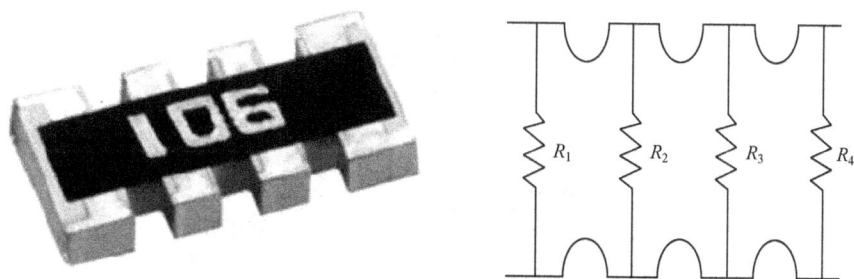

图 3-24　贴片排阻(8P4R)的外形及内部结构

3）贴片电容

　　贴片电容的外形结构如图 3-25 所示。贴片电容的封装与贴片电阻类似，一般无极性电容的参数没有标在电容上，在包装盘上有或者用仪表直接测量出电容量。

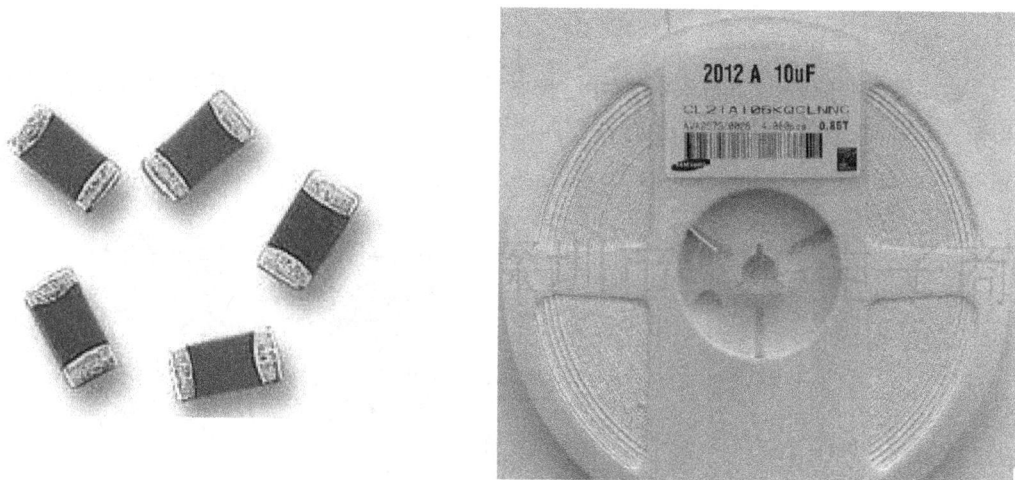

图 3-25　贴片电容的外形结构

4）贴片二极管

贴片二极管的外形及内部结构如图 3-26 所示。

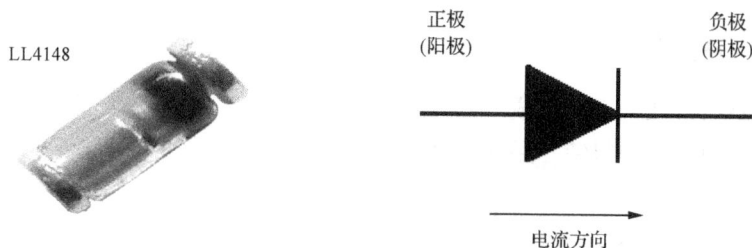

图 3-26　贴片二极管的外形及内部结构

5）贴片三极管

贴片三极管的外形如图 3-27 所示。

SOT-23

1—BASE(基极);
2—EMITTER(发射极);
3—COLLECTOR(集电极)

单位：mm

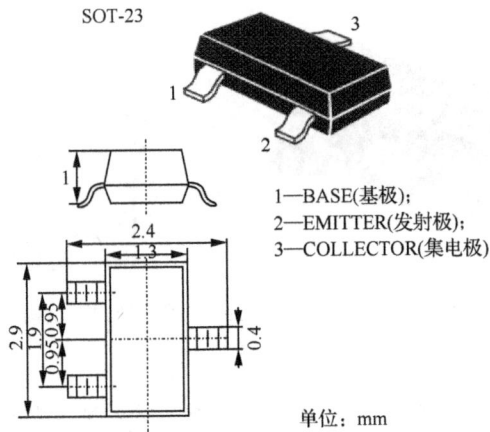

图 3-27　贴片三极管的外形

6）贴片集成块

贴片集成块的外形如图 3-28 所示。贴片集成块上有圆点标记对应的为第 1 脚,或者正对字符面,左下角为第一脚,逆时针方向记数。

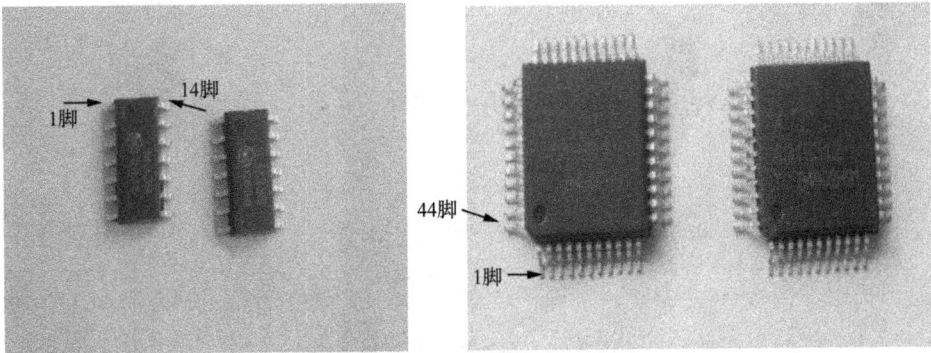

图 3-28　贴片集成块的外形

思考与练习

1. 抢答器由哪几个部分组成?
2. 贴片电阻有几种封装? 用什么来表示?

项　目　实　施

1. 清点元器件

对照图 3-19 和表 3-18 元器件材料清单,清点元器件。

表 3-18　全贴片八路数字抢答器元件清单

序号	名称	规格	位号	数量	序号	名称	规格	位号	数量
1	0805 电阻	100KΩ	R_8	1	10	集成电路	CD4511	U1	1
2		10KΩ	$R_1 \sim R_6$、R_{16}、R_{17}	8	11		NE555	U2	1
3		300Ω	$R_9 \sim R_{15}$	7	12	三极管	9013	Q1	1
4		1.5KΩ	R_7	1	13	蜂鸣器	3V	BELL	1
5	二极管	1N4148	$V_1 \sim V_{18}$	18	14	发光二极管	0805	ABCDEFG1-2	14
6	电解电容	100μF	DR_3	1	15	按键	6×6×5	$S_1 \sim S_9$	9
7		47μF	DR_4	1	16	电池盒	4 节 5 号		1
8	0805 电容	103	DR_1	1	17	电路板	9cm×7cm		1
9		104	DR_2	1	18	说明书	A4		1

2. 识别与检测元器件

1）识别与检测电阻

从外观识别贴片电阻，用万用表测量本项目所给的电阻并完成表 3-19。

表 3-19　电阻识别与检测表

电阻编号	代码	标称值	测量值	万用表量程	质量判别(好/坏)

2）识别与检测电容

从外观识别电容，用万用表检测本项目所给的电容，并完成表 3-20。

表 3-20　电容识别与检测表

电容编号	种类	标称值	代码	万用表量程	质量判别(好/坏)

3）二极管的识别与检测

从外观识别二极管，用万用表检测本项目所给的二极管，并完成表 3-21。

表 3-21　二极管的识别与检测表

二极管编号	种类	型号	正向电阻	反向电阻	材料	万用表量程	质量判别

4）三极管的识别与检测

从外观识别三极管，用万用表检测本项目所给的三极管，并完成表 3-22。

表 3-22　三极管的识别与检测表

三极管编号	型号	外形	材料	类型	质量判别（好/坏）

5）识别与检测集成电路 CD4511、NE555

从外观识别集成电路，用万用表检测本项目所给的集成电路（CD4511、NE555）

表 3-23　集成电路（CD4511）的识别与检测表

引脚	①	②	③	④	⑤	⑥	⑦	⑧
正向电阻								
反向电阻								
引脚	⑨	⑩	⑪	⑫	⑬	⑭	⑮	⑯
正向电阻								
反向电阻								

表 3-24　集成电路（NE555）的识别与检测表

引脚	①	②	③	④	⑤	⑥	⑦	⑧
正向电阻								
反向电阻								

方法步骤：

（1）判断 CD4511、NE555 的引脚。

（2）用万用表测量 CD4511、NE555 的正反向电阻，将测量结果记录于表 3-23 和表 3-24 中，并与正常值比较。

6）蜂鸣器的识别与检测

从外观识别蜂鸣器，用万用表检测本项目所给的蜂鸣器，并完成表 3-25。

表 3-25　蜂鸣器的识别与检测表

蜂鸣器编号	型号	万用表量程	质量判别

7）按键的识别与检测

从外观识别按键，用万用表检测本项目所给的按键，并完成表 3-26。

表 3-26　按键的识别与检测表

按键编号	型号	万用表量程	质量判别

3. 全贴片八路数字抢答器电路的安装

1) 焊接前的准备工作

烙铁：根据个人喜好选择适合的烙铁头（建议斜口或者刀头），最好使用恒温焊台；

镊子：尖头，有条件可以用防静电的；

松香或者液体助焊剂；

焊锡丝：尽量选焊锡量高的含松香焊锡丝；

洗板水：用于清理电路板；

万用表：检查焊接质量；

放大镜：看贴片元件上参数。

2) 贴片元件的焊接与安装

对元器件进行正确的装配与布局，并进行焊接。

操作步骤：

(1) 按工艺要求安装贴片电阻。

① 先将电路板上贴片电阻焊接区域右侧的焊盘上锡，上锡不宜过多，薄薄的一层；

② 用镊子轻轻地夹住电阻，防止弹飞，用烙铁先焊接电阻的一端：烙铁头融化焊锡往电阻引脚端靠，并修整焊点成形，电阻上的参数应朝一个方向，便于整体（从左至右）读数；

③ 再将电阻的另外一端焊接好，注意加锡均匀及焊点成形。

(2) 按工艺要求安装贴片电容。

采用安装贴片电阻同样的方法焊接好全部的贴片电容。

(3) 按工艺要求安装贴片二极管。

① 拆封贴片二极管，注意极性对应；

② 将贴片二极管的其中一个焊盘镀锡；

③ 先焊接其中的一个引脚固定二极管；

④ 焊接另外一个引脚，注意排列整齐。

(4) 按工艺要求安装贴片三极管。

① 拆封贴片三极管；

② 给三极管焊盘中单独的那一个焊盘镀锡；

③ 先焊接一个引脚固定；

④ 焊接剩下的 2 个引脚。

(5) 按工艺要求安装焊接贴片集成 CD4511、NE555。

① 先将集成块的 1～2 个焊盘镀锡；

② 调整好集成块的位置，通过预先焊接集成块 1～2 个引脚固定好位置（用手操作时尽量带上防静电手环）；

③ 拖焊：一边送焊锡一边烙铁头融化焊锡朝箭头方向拖，若焊接过程中有连焊的现象，可用烙铁头点松香或者刷液体助焊剂至连焊的地方，再通过烙铁加热将多余的焊锡带走。

（6）检查焊点质量。全部焊接好所有的贴片元件，由于焊锡丝中有松香助焊剂，所以焊好后电路板有少量的残渣，需要清洗处理，选择专业的洗板水或者乙醇酒精清洗电路板上的残渣。

① 先用肉眼或者借助放大镜观看焊点效果：无虚焊，短路现象；

② 用万用表测量单个贴片元器件，在正常误差范围内，同时说明焊接正常，无虚焊及短路。

4. 调试全贴片八路数字抢答器电路

接通电源，初始状态数码管显示"0"，按下抢答按钮（SB1～SB8）后，扬声器发声，同时数码管显示第一抢答者的编号，抢答成功，再按按钮，显示不会改变，除非按复位键。复位后，显示清零，可继续抢答。

如出现七段数码管个别二极管不亮。在数码管完好的情况下，这种情况多数是焊接质量问题，有虚焊和脱焊，更有甚者是焊盘脱落，检测方法是根据原理图，从不亮的那段二极管开始，逐步向前检查每段电路的通断，一般用万用表来检测，当用欧姆挡检测时，发现某段电路电阻无穷大时，则有可能是此两焊点有问题或用电压挡在通电时检测，当发现某段的电位为0时，则说明该段电路有问题。

蜂鸣器不响。在蜂鸣器好的条件下不响，则要从蜂鸣器的接线端开始向前进行检测，如果检测出来的结果与555芯片的工作原理不同，则有可能是芯片有问题，如果555芯片的6端和2端电压过低，则有可能是前边的二极管被击穿或电源段供压不足。

项 目 评 价

项目评价见表3-27。

表3-27 项目评价表

项目名称	数字显示抢答器电路的制作			自我评分	小组评分	教师评分
评价项目	内容	配分	评分标准			
工作原理	抢答器工作原理	20	能说明抢答器的工作原理			
元器件识别与检测	对常用元器件识别检测情况	10	检测错不得分。每错误一处扣1分			
电路板的焊接	焊点质量情况、元器件引出端处理情况	15	焊点大小适中，无漏、假、虚、连焊，焊点光滑、圆润、干净，无毛刺；引脚加工尺寸及成形符合工艺要求；导线长度、剥头长度符合工艺要求，芯线完好，捻头镀锡。每错误一处扣1分			

续表

项目名称	数字显示抢答器电路的制作			自我评分	小组评分	教师评分
评价项目	内容	配分	评分标准			
抢答器的装配	元器件引线成形情况、插装位置	10	印制板插件位置正确,元器件极性正确,元器件、导线安装及字标方向均应符合工艺要求;接插件、紧固件安装可靠牢固,印制板安装对位;无烫伤和划伤处,无焊盘脱落;整机清洁无污物。每错误一处扣1分			
抢答器的调试	抢答器基本功能检测与调试	30	按键电路、声响电路、显示译码驱动电路、显示电路工作正常,每错误一处扣5分			
安全文明操作	工具的摆放、工具的使用和维护	15	工作台上的工具按要求摆放整齐,工作完成后台面整洁卫生。注意用电安全,各工具的使用应符合安全规范,每错误一处扣2分			
其他项目	1. 第一个完成电路安装并检测成功的小组,加3分。 2. 在完成个人项目前提下,协助老师或帮助其他同学解决问题(安装中的困难)的,经教师确认,加1~5分					
合计						
综合评分						

项　目　总　结　与　汇　报

1. 汇报内容

(1) 演示制作的项目作品。

(2) 讲解项目电路的组成及工作原理。

(3) 与大家分享制作、调试中遇到的问题及解决的方法。

2. 汇报要求

(1) 演示作品时要边演示边讲解电路的组成及原理。

(2) 要重点讲解制作、调试中遇到的问题及解决的方法。

项目4 电动机运行故障监测报警电路的制作

　　数据选择器、数据分配器是一种通用性很强的逻辑部件,除了可以实现一些组合逻辑设计外,还可用做分时多路传输电路、函数发生器及数码比较器等。本项目就是用数据选择器和OC门实现电动机运行故障监测报警。

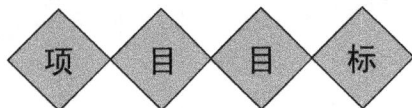

知识目标
- 理解三态门、OC门的外部特性、功能,了解三态门和OC门的正确使用方法;
- 掌握数据选择器和数据分配器的逻辑表达式及功能;
- 掌握常见数据选择器、数据分配器集成电路的功能及应用;
- 理解电动机运行故障监测报警电路的工作过程。

技能目标
- 能认识项目中各元器件的符号及识别和检测元器件;
- 能制作和调试电动机运行故障监测报警电路。

项　目　准　备

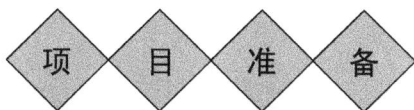

任务 4.1　三态门和 OC 门的分析与测试

任　务　目　标

1. 了解三态门和 OC 门的特点及功能。
2. 能借助资料读懂常见的三态门和 OC 门集成门电路，明确其功能。

任　务　要　求

使用实验室提供的数字逻辑实验箱，按任务实施步骤测试三态门和 OC 门的功能。

知　识　解　析

4.1.1　三态门

三态门是一种重要的总线接口电路。三态指其输出既可以是一般逻辑电路正常的高电平(逻辑 1)或低电平(逻辑 0)，又可以保持特有的高阻抗状态。三态与非门是输出有三种状态的与非门，简称 TSL 门。它与一般 TTL 与非门的不同点是：

(1) 输出端除了可以输出高、低电平两种状态外，还可以出现第三种状态——高阻状态(或称禁止状态)；

(2) 输入级多了一个"控制端"(或称使能端)，三态门的控制端分高电平有效和低电平有效两种。

图 4-1 所示为低电平有效的三态与非门。

低电平有效的三态与非门的逻辑表达式

$$\overline{E} = 0 \quad F = \overline{AB}$$
$$\overline{E} = 1 \quad F = 高阻$$

图 4-2 所示为高电平有效的三态与非门。

高电平有效的三态与非门的逻辑表达式

$$E = 1 \quad F = \overline{AB}$$
$$E = 0 \quad F = 高阻$$

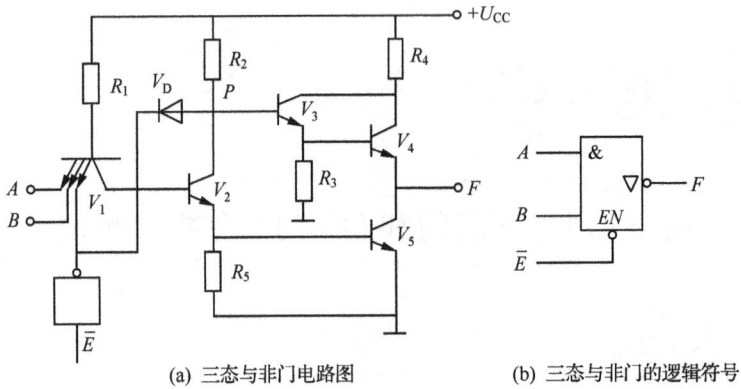

(a) 三态与非门电路图　　　　　(b) 三态与非门的逻辑符号

图 4-1　低电平有效的三态门电路及其逻辑符号

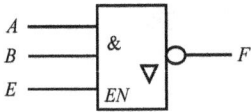

图 4-2　高电平有效的三态与非门

三态门主要用于数据总线结构，实现分时传送信号。三态门都有一个 E 控制使能端，来控制门电路的通断。具备这三种状态的器件就叫做三态器件，对于低电平有效的三态门，当 $E=0$ 时，三态电路呈现正常的"0"或"1"的输出；当 $E=1$ 时，三态电路呈现高阻态输出。

三态门是一种扩展逻辑功能的输出级，也是一种控制开关。主要是用于总线的连接，因为总线只允许同时只有一个使用者。通常在数据总线上接有多个器件，每个器件通过 OE/CE 之类的信号选通，如器件没有选通它就处于高阻态，相当于没有接在总线上，不影响其他器件的工作。

4.1.2　OC 门

集电极开路门简称 OC 门。OC 与非门的电路及其逻辑符号如图 4-3 所示。OC 门在工作时需外接负载电阻 R_L 和电源。只要 R_L 选择恰当，既能保证输出的高、低电平符合要求，又能使输出三极管的负载电流不致过大。

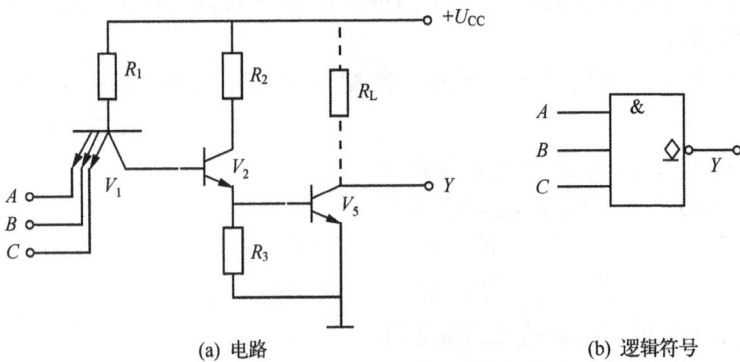

(a) 电路　　　　　(b) 逻辑符号

图 4-3　集电极开路与非门

R_L 的取值原则是：应保证输出高电平 $U_{OH} \geqslant 2.7V$，输出低电平 $U_{OL} \leqslant 0.35V$。

OC 门电路的特点：

① OC 门在单个使用时，在输出端与电源 U_{CC} 之间必须外接一个负载电阻 R_L，如图 4-4 所示。

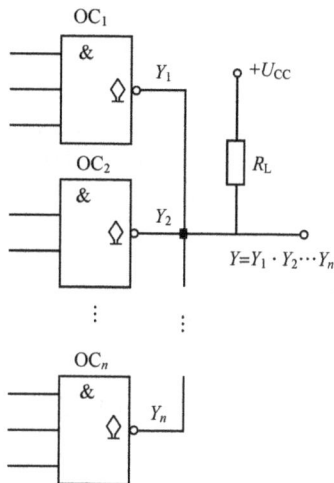

② 当 n 个 OC 门的输出端并联时，能实现"线与"功能，如图 4-5 所示。

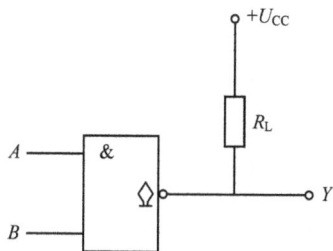

图 4-4　OC 门单个使用时的接法　　　　图 4-5　n 个 OC 门输出端并联

任 务 实 施

1. 查集成电路手册了解 74LS126、74LS22 的功能、各引脚名称、用途及使用注意事项

2. 验证 TSL 门的三态功能

（1）把 74LS126 插入 14F 插座（在白色区域，注意缺口对缺口，即方向正确）。

（2）把①脚与 K_{12} 相连，②脚与 K_{11} 相连，③脚接万用表的表笔，如图 4-6 所示。

（3）按表 4-1 的要求进行测试，结果填入表 4-1 中。

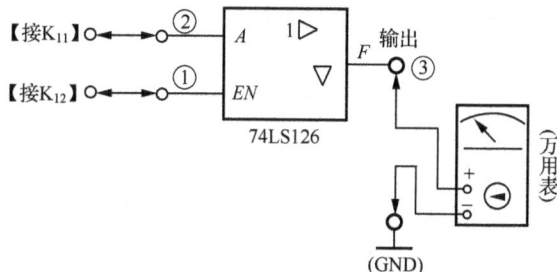

图 4-6　TSL 门连接图（在 14F 插座区连接）

表 4-1　TSL 门的测试

EN(①脚)	A(②脚)	F(③脚)
0	0	电压： 电阻：
0	1	电压： 电阻：
1	0	电压： 电阻：
1	1	电压：

测试注意：(1) 测电压时,黑表笔接 GND,红表笔接③脚；

　　　　　(2) 测电阻时,用 $R \times 1k\Omega$ 档,红表笔接 GND,黑表笔接③脚；

　　　　　(3) 当 EN、A 端均为'1'时,禁止测电阻。

3. 用 74LS126 构成简单数据总线缓冲器

(1) 先调节数字实验箱左端的"脉宽调节"和"频率调节"旋钮,使其输出频率约为 1～5Hz 的脉冲信号。

(2) 仍然使用 74LS126 并按图 4-7 进行连接线(关机下进行)；

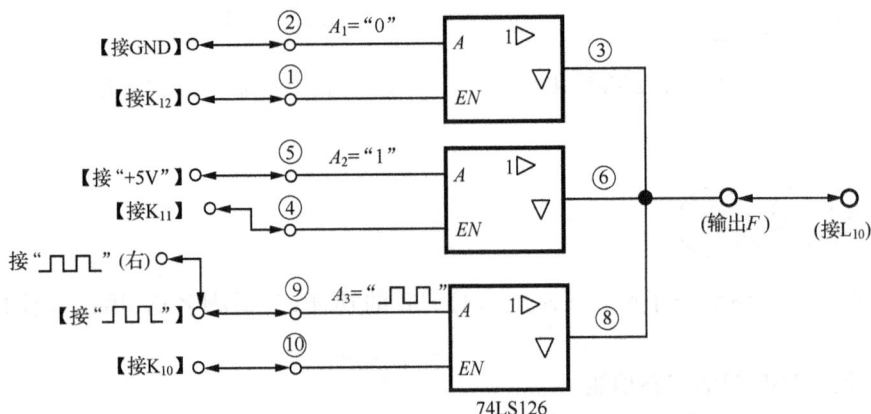

图 4-7　74LS126 构成数据总线缓冲器(在 14F 插座区连接)

(3) 检查连线无误后,将 K_{12}、K_{11}、K_{10} 全置'0',打开实验箱电源；

(4) 按表 4-2 的要求进行测试,结果填入表 4-2 中。

表 4-2　74LS126 构成的数据总线缓冲器测试

EN 端			输入端			输出端
K_{12}	K_{11}	K_{10}	A_1	A_2	A_3	F
0	0	0	0	1	⊓⊔	
1	0	0	0	1	⊓⊔	
0	1	0	0	1	⊓⊔	
0	0	1	0	1	⊓⊔	

（5）测试时注意：

① K_{12}、K_{11}、K_{10} 禁止同时有两个或三个为'1'；

② "⊓⊔⊓⊔"端在实验箱的左下角的脉冲信号源（右孔）；

③ 实验完毕，取出并整理连接线。

结论：

①＿＿＿＿＿＿＿＿＿＿＿＿

②＿＿＿＿＿＿＿＿＿＿＿＿

4. 验证 OC 门的输出线与功能

（1）整理实验箱面板并关电源；

（2）在 14E 插座插入 74LS22 集成块（注意方向）；

（3）按图 4-8 进行连接线，然后按表 4-3 的要求进行测试，结果填入表 4-3 中。

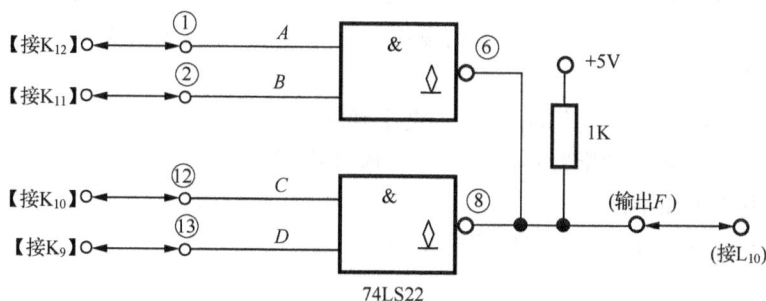

图 4-8　OC 门连接图　（在 14E 插座区连接）

说明：（1）在关机下进行连线；（2）'①'、'②'、'③'、'④'表示引脚号；

（3）1K 用实验箱面板上的 1K 电位器代替（中间脚不接，只接两边引脚）。

表 4-3　OC 门电路测试

输入				输出	输入				输出
A	B	C	D	F	A	B	C	D	F
0	0	0	0		1	0	0	0	
0	0	0	1		1	0	0	1	
0	0	1	0		1	0	1	0	
0	0	1	1		1	0	1	1	
0	1	0	0		1	1	0	0	
0	1	0	1		1	1	0	1	
0	1	1	0		1	1	1	0	
0	1	1	1		1	1	1	1	

结论：$F=$＿＿＿＿＿＿＿＿＿＿

![思考与练习]

1. 填空题

(1) 集电极开路门的英文缩写为_____门,工作时必须外加_____和_____。

(2) OC门称为_____门,多个OC门输出端并联到一起可实现_____功能。

(3) 三态门的输出端有三种可能出现的状态:_____、_____和_____。

2. 判断题

(1) 三态门的三种状态分别为:高电平、低电平、不高不低的电压。　　　(　　)

(2) TTL集电极开路门输出为1时由外接电源和电阻提供输出电流。　　　(　　)

(3) TTL OC门(集电极开路门)的输出端可以直接相连,实现线与。　　　(　　)

3. 选择题(多选)

(1) 三态门输出高阻状态时,(　　)是正确的说法。

  A. 用电压表测量指针不动　　　　B. 相当于悬空

  C. 电压不高不低　　　　　　　　D. 测量电阻指针不动

(2) 以下电路中可以实现"线与"功能的有(　　)。

  A. 与非门　　　　　　　　　　　B. 三态输出门

  C. 集电极开路门　　　　　　　　D. 漏极开路门

(3) 以下电路中常用于总线应用的有(　　)。

  A. TSL门　　　　　　　　　　　B. OC门

  C. 漏极开路门　　　　　　　　　D. CMOS与非门

(4) 写出图4-9的逻辑表达式。

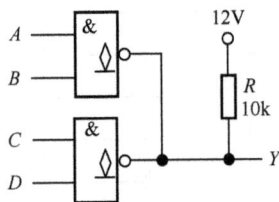

图4-9　选择题(4)配图

任务4.2　数据选择器和数据分配器的分析与测试

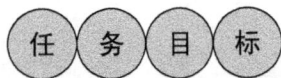

![任务目标]

1. 掌握数据选择器和数据分配器逻辑表达式及功能。

2. 掌握常见数据选择器、数据分配器集成电路的功能及应用。

任 务 要 求

用实验室提供的数字逻辑实验箱,按任务实施步骤测试数据选择器的功能。

知 识 解 析

4.2.1　数据选择器

4.2.1.1　数据选择器的基本概念及工作原理

数据选择器是根据地址选择码从多路输入数据中选择其中一路输出的电路,也称多路选择器或多路开关。它的作用与图 4-10 所示的单刀多掷开关相似。

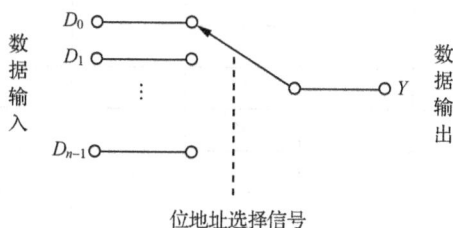

图 4-10　单刀多掷开关

在数据选择器中,通常用地址输入信号来完成挑选数据的任务。如一个 4 选 1 的数据选择器,应有 2 个地址输入端,它共有 $2^2 = 4$ 种不同的组合,每一种组合可选择对应的一路输入数据输出。同理,对一个 8 选 1 的数据选择器,应有 3 个地址输入端。常用的数据选择器有 4 选 1、8 选 1、16 选 1 等多种类型。下面以 4 选 1 为例介绍数据选择器的基本功能及工作原理。

4.2.1.2　4 选 1 数据选择器

4 选 1 数据选择器的逻辑电路图如图 4-11 所示,逻辑功能表如表 4-4 所示。

图 4-11 中,$D_3 \sim D_0$:数据输入端;

A_1、A_0:控制信号端（地址控制端）;

$\overline{E}$:使能端(选通端,低电平有效);

$\overline{E} = 1$ 时,$Y = 0$,数据选择器禁止传输数据。

$\overline{E} = 0$ 时,有下列逻辑函数表达式,即

$$Y = D_0 \overline{A}_1 \overline{A}_0 + D_1 \overline{A}_1 A_0 + D_2 A_1 \overline{A}_0 + D_3 A_1 A_0 = \sum_{i=0}^{3} D_i m_i$$

由地址码决定从 4 路输入中选择 1 路输出。

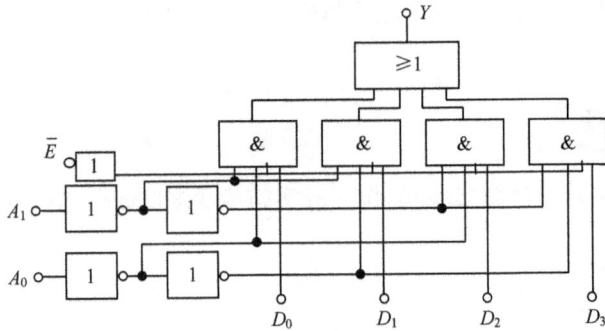

图 4-11　4 选 1 数据选择器逻辑电路图

表 4-4　4 选 1 数据选择器逻辑功能表

输入							输出
$\overline{E}$	A_1	A_0	D_3	D_2	D_1	D_0	Y
1	×	×	×	×	×	×	0
0	0	0	×	×	×	0	0
0	0	0	×	×	×	1	1
0	0	1	×	×	0	×	0
0	0	1	×	×	1	×	1
0	1	0	×	0	×	×	0
0	1	0	×	1	×	×	1
0	1	1	0	×	×	×	0
0	1	1	1	×	×	×	1

4.2.1.3　集成数据选择器

74LS151 是一种典型集成 8 选 1 数据选择器,外形图及引脚排列如图 4-12 所示,功能如表 4-5 所示。选择控制端(地址端)为 $A_2 \sim A_0$,按二进制译码,从 8 个输入数据 $D_0 \sim D_7$ 中,选择一个需要的数据送到输出端 Y, $\overline{ST}$ 为使能端,低电平有效。

(a) 外形图

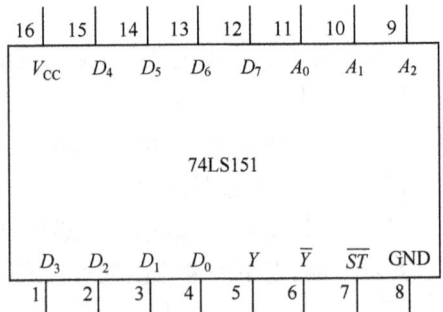

(b) 引脚排列

图 4-12　74LS151 外形及引脚排列

表 4-5　74LS151 逻辑功能表

输入				输出	
$\overline{ST}$	A_2	A_1	A_0	Y	$\overline{Y}$
1	×	×	×	0	1
0	0	0	0	D_0	$\overline{D_0}$
0	0	0	1	D_1	$\overline{D_1}$
0	0	1	0	D_2	$\overline{D_2}$
0	0	1	1	D_3	$\overline{D_3}$
0	1	0	0	D_4	$\overline{D_4}$
0	1	0	1	D_5	$\overline{D_5}$
0	1	1	0	D_6	$\overline{D_6}$
0	1	1	1	D_7	$\overline{D_7}$

74LS151 的逻辑功能如图 4-13 所示。

（1）使能端 $\overline{ST}=1$ 时，不论 $A_2\sim A_0$ 状态如何，均无输出（$Y=0$），多路开关被禁止。

（2）使能端 $\overline{ST}=0$ 时，多路开关正常工作，根据地址码 A_2、A_1、A_0 的状态选择 $D_0\sim D_7$ 中某一个通道的数据输送到输出端 Y。

如：$A_2A_1A_0=000$，则选择 D_0 数据到输出端，即 $Y=D_0$。

如：$A_2A_1A_0=001$，则选择 D_1 数据到输出端，即 $Y=D_1$，其余类推。

74LS151 输出函数表达式为

$$Y=\overline{A_2}\,\overline{A_1}\,\overline{A_0}D_0+\overline{A_2}\,\overline{A_1}A_0D_1+\overline{A_2}A_1\overline{A_0}D_2+\overline{A_2}A_1A_0D_3$$
$$+A_2\overline{A_1}\,\overline{A_0}D_4+A_2\overline{A_1}A_0D_5+A_2A_1\overline{A_0}D_6+A_2A_1A_0D_7$$
$$=m_0D_0+m_1D_1+m_2D_2+m_3D_3+m_4D_4+m_5D_5+m_6D_6+m_7D_7$$

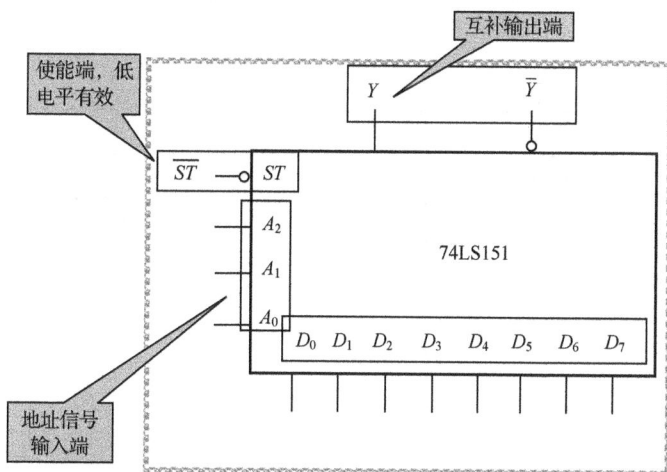

图 4-13　74LS151 的逻辑功能示意图

4.2.1.4 数据选择器的应用举例

例 4-1 用 8 选 1 数据选择器 74LS151 实现逻辑函数 $Y = AB + BC + AC$。

（1）将逻辑函数转换成最小项表达式

$$Y = AB + BC + AC = \overline{A}BC + A\overline{B}C + AB\overline{C} + ABC = \sum m(3,5,6,7)$$

（2）按照最小项的编号，将数据选择器的相应输入端接高电平，其余的输入端接低电平，如图 4-14 所示。

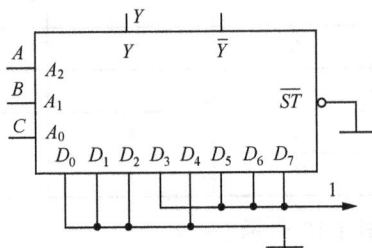

图 4-14 例 4-1 配图

4.2.2 数据分配器

数据分配器的功能正好和数据选择器的相反，它是根据地址码的要求不同，将一路数据分配到指定输出通道上输出。具体传送到哪一个输出端，也是由一组选择控制信号确定。1 路～4 路的数据分配器逻辑图如图 4-15 所示。

逻辑函数表达式

$$Y_0 = D\overline{A}_1\overline{A}_0 \qquad Y_1 = D\overline{A}_1 A_0$$
$$Y_2 = DA_1\overline{A}_0 \qquad Y_3 = DA_1 A_0$$

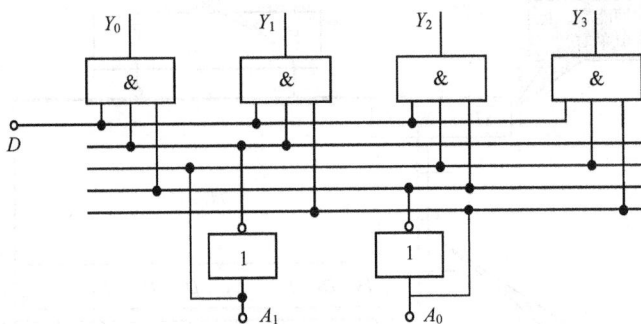

图 4-15 1 路-4 路的数据分配器逻辑图

表 4-6　功能表

输入		输出			
A_1	A_0	Y_0	Y_1	Y_2	Y_3
0	0	D	0	0	0
0	1	0	D	0	0
1	0	0	0	D	0
1	1	0	0	0	D

（左侧合并列：D）

在集成电路系列器件中没有专门的数据分配器，一般说，任何带使能端（选通控制端）的全译码器都可作为数据分配器用。只要将译码器使能控制输入端作为数据输入端，将二进制代码输入端作为地址控制端即可。

由 74LS138 构成的 8 路数据分配器，如图 4-16 所示。

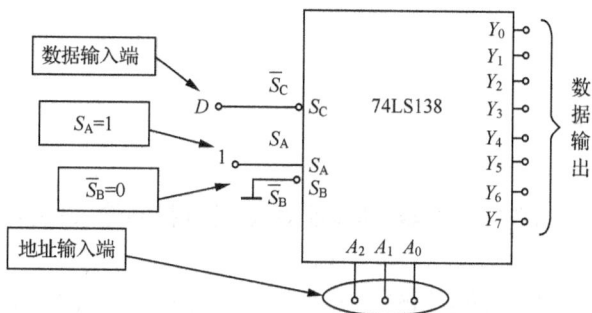

图 4-16　74LS138 构成的 8 路数据分配器

任　务　实　施

8 选 1 数据选择器 74LSl51 基本功能测试

（1）通过查找资料，小组讨论，画出 74LS151 功能测试的连接图；

（2）根据连接图，在数字实验箱上连接线路。在输入端按照表 4-7 的要求进行测试，并将测试结果填入表 4-7 中。

表 4-7　测量数据选择器 74LSl51 功能表

输入				输出
使能	选择			
$\overline{ST}$	A_2	A_1	A_0	Y
1	×	×	×	
0	0	0	0	
0	0	0	1	

续表

输入				输出
使能	选择			Y
$\overline{ST}$	A_2	A_1	A_0	
0	0	1	0	
0	0	1	1	
0	1	0	0	
0	1	0	1	
0	1	1	0	
0	1	1	1	

思考与练习

1. 选择题

(1) 一个 16 选 1 的数据选择器，其地址输入(选择控制输入)端有＿＿＿＿个。

　　A. 1　　　　　B. 2　　　　　C. 4　　　　　D. 16

(2) 四选一数据选择器的数据输出 Y 与数据输入 X_i 和地址码 A_i 之间的逻辑表达式为 $Y=$＿＿＿＿。

　　A. $\overline{A_1}\,\overline{A_0}X_0+\overline{A_1}A_0X_1+A_1\overline{A_0}X_2+A_1A_0X_3$　　B. $\overline{A_1}\,\overline{A_0}X_0$

　　C. $\overline{A_1}A_0X_1$　　　　　　　　　　　　　　D. $A_1A_0X_3$

(3) 一个 8 选 1 数据选择器的数据输入端有＿＿＿＿个。

　　A. 1　　　　　B. 2　　　　　C. 3　　　　　D. 4　　　　　E. 8

(4) 8 路数据分配器，其地址输入端有＿＿＿＿个。

　　A. 1　　　　　B. 2　　　　　C. 3　　　　　D. 4　　　　　E. 8

(5) 用四选一数据选择器实现函数 $Y=A_1A_0+\overline{A_1}A_0$，应使＿＿＿＿＿＿。

　　A. $D_0=D_2=0,D_1=D_3=1$　　　　　　B. $D_0=D_2=1,D_1=D_3=0$

　　C. $D_0=D_1=0,D_2=D_3=1$　　　　　　D. $D_0=D_1=1,D_2=D_3=0$

2. 判断题

(1) 一个 8 选 1 数据选择器的数据输入端有 8 个。　　　　　　　　　　　（　　）

(2) 8 路数据分配器，其地址输入端有 8 个。　　　　　　　　　　　　　　（　　）

(3) 数据选择器加以适当辅助门电路，适于实现单输出组合逻辑电路。　　（　　）

(4) 用四选一数据选择器实现函数 $Y=A_1A_0+\overline{A_1}A_0$，应使其数据输入端 $D_0=D_2$ $=1,D_1=D_3=0$。　　　　　　　　　　　　　　　　　　　　　　　　　　（　　）

(5) 选择器和数据分配器的功能正好相反，互为逆过程。　　　　　　　　（　　）

(6) 数据选择器可实现时序逻辑电路。　　　　　　　　　　　　　　　　　（　　）

3. 综合题

(1) 选择合适的数据选择器来实现下列组合逻辑函数。

① $Y = \overline{AB}\overline{C} + AB + C$

② $Y = \sum m(1,3,5,7)$

(2) 已知用 8 选 1 数据选择器 74LS151 构成的逻辑电路如图 4-17 所示,请写出输出 F 的逻辑函数表达式,并将它化成最简与-或表达式。

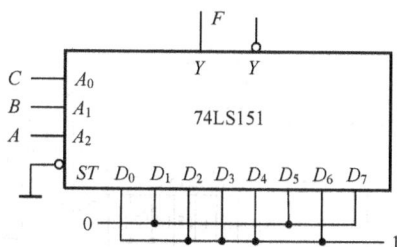

图 4-17　综合题(2)配图

(3) 由 4 选 1 数据选择器构成的组合逻辑电路如图 4-18(a)所示,请画出在图 4-18(b) 所示输入信号作用下 L 的输出波形。

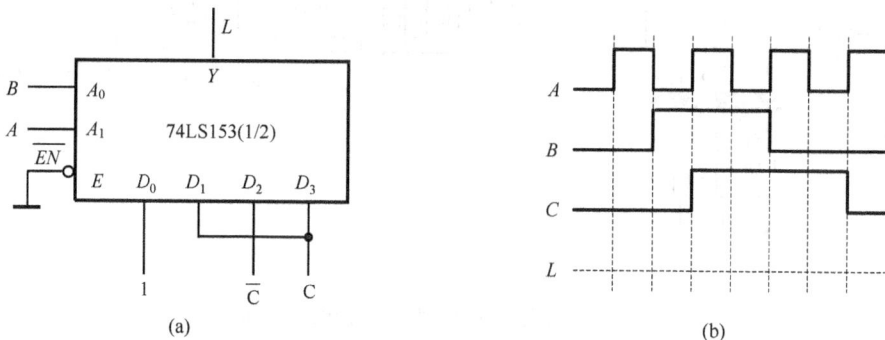

图 4-18　综合题(3)配图

(4) 用红、黄、绿三个指示灯表示三台设备的工作情况:绿灯亮表示全部正常;红灯亮表示有一台不正常;黄灯亮表示有两台不正常;红、黄灯全亮表示三台都不正常。列出控制电路真值表,并用数据选择器集成电路来实现。

任务 4.3　电动机运行故障监测报警电路的分析

任 务 目 标

1. 能分析电动机运行故障监测报警电路的组成及工作过程。
2. 能识别和检测发光二极管。

知 识 解 析

4.3.1 工作原理

电动机运行故障监测报警电路工作原理如图 4-19 所示。

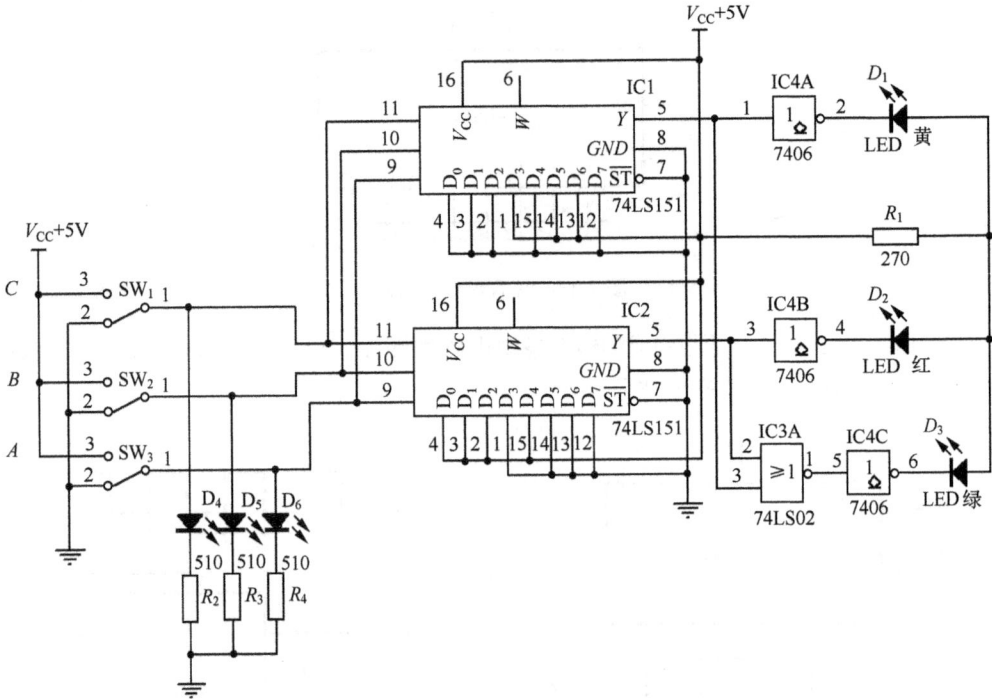

图 4-19 电动机运行故障监测报警电路原理图

某车间有 3 台电动机工作,监测电路对 3 台电动机工作状态进行监测。使用发光二极管显示检测结果:

(1) 绿色发光二极管亮。表示 3 台电动机都正常工作。

(2) 黄色发光二极管亮。表示有 1 台电动机出现故障。

(3) 红色发光二极管亮。表示有 2 台以上电动机出现故障。

电动机工作状态检测输出为逻辑量 A、B、C,分别表示 3 台电动机的工作状态,例如,$A=1$ 表示第一台电动机工作正常,$A=0$ 表示第一台电动机出现故障。电路有三个输出指示发光二极管,D_3——绿色发光二极管,D_1——黄色发光二极管,D_2——红色发光二极管。

三个发光二极管与 3 台电动机工作状态逻辑关系的真值表,如表 4-8 所示。

表 4-8　真值表

输入			输出		
A	B	C	D_3（绿灯）	D_1（黄灯）	D_2（红灯）
0	0	0	0	0	1
0	0	1	0	0	1
0	1	0	0	0	1
0	1	1	0	1	0
1	0	0	0	0	1
1	0	1	0	1	0
1	1	0	0	1	0
1	1	1	1	0	0

4.3.2　元器件介绍

4.3.2.1　74LS151

74LS151 是一种典型集成 8 选 1 数据选择器，相关内容见本项目的集成数据选择器。

4.3.2.2　74LS06

74LS06 为集电极开路输出的六组反相驱动器，其中，$A_1 \sim A_6$ 为输入端，$Y_1 \sim Y_6$ 为输出端，74LS06 内部电路如图 4-20 所示。

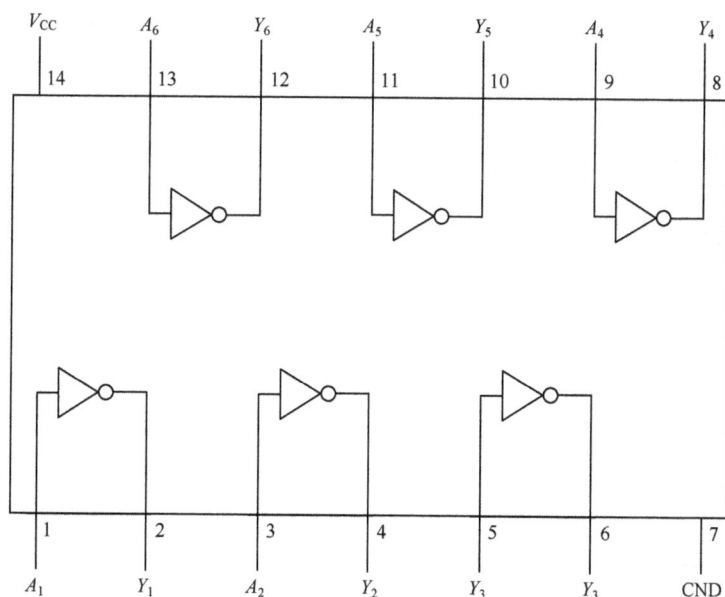

图 4-20　74LS06 逻辑图

74LS06 逻辑表达式及真值表如下。

$$Y = \overline{A}$$

输入	输出
A	Y
0	1
1	0

4.3.2.3　74LS02

74LS02 为 2 输入端四或非门，内部电路如图 4-21 所示。

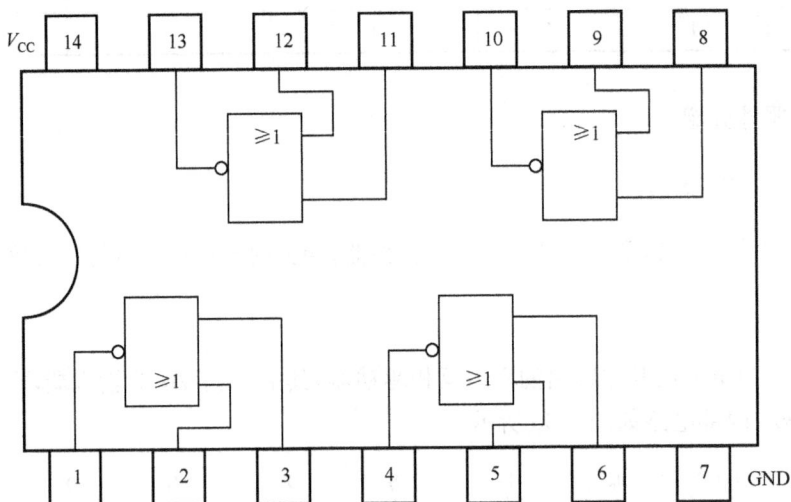

图 4-21　74LS02 内部电路图

74LS02 逻辑表达式为

$$Y = \overline{A + B}$$

74LS02 真值表如表 4-9 所示。

表 4-9　74LS02 真值表

输入		输出
A	B	Y
0	0	1
0	1	0
1	0	0
1	1	0

项　目　实　施

1. 清点元器件

对照图 4-19 和元器件材料清单表(见表 4-10),清点元器件。

表 4-10　元器件清单

序号	元器件编号	元器件名称	型号或标称值	数量
1	IC_1、IC_2	集成电路	74LS151	2
2	IC_3	集成电路	74LS02	1
3	IC_4	集成电路	74LS06	1
4	R_1	电阻	270Ω	1
5	R_2、R_3、R_4	电阻	510Ω	3
6	D_3	绿色发光二极管		1
7	D_1	黄色发光二极管		1
8	D_2	红色发光二极管		1
9	D_4、D_5、D_6	发光二极管		3
10	SW_1、SW_2、SW_3	微动开关		3
11		PCB 板		1块
12		焊锡丝		若干

2. 识别与检测元器件

1) 识别与检测集成电路

(1) 查集成电路手册了解:74LS151、74LS06、74LS02 的功能、各引脚名称、用途及使用注意事项。

(2) 用万用表检测本项目所给的集成电路(74LS151、74LS06、74LS02)的正反向电阻,并完成表 4-11～表 4-13。

表 4-11　74LS151 集成电路的识别与检测表

引脚号	1	2	3	4	5	6	7	8	9	10	11	12	13	14	15	16
红表笔接地,黑表笔测																
黑表笔接地,红表笔测																

表 4-12　74LS06 集成电路的识别与检测表

引脚号	1	2	3	4	5	6	7	8	9	10	11	12	13	14
红表笔接地,黑表笔测														
黑表笔接地,红表笔测														

表 4-13　74LS02 集成电路的识别与检测表

引脚号	1	2	3	4	5	6	7	8	9	10	11	12	13	14
红表笔接地,黑表笔测														
黑表笔接地,红表笔测														

2) 发光二极管的识别与检测

从外观识别发光二极管,用万用表检测本项目所给的发光二极管,并完成表 4-14。

表 4-14　发光二极管的识别与检测表

二极管编号	种类	正向电阻	反向电阻	万用表量程	质量判别
D_1	黄色发光二极管				
D_2	红色发光二极管				
D_3	绿色发光二极管				

3. 制作电动机运行故障监测报警电路

对元器件进行正确的装配与布局,并进行焊接。

操作步骤:

① 按工艺要求安装色环电阻。

② 按工艺要求安装发光二极管。

③ 按工艺要求安装集成电路 74LS151、74LS06、74LS02。

④ 对安装好的元器件进行手工焊接。

⑤ 检查焊点质量。

4. 调试电动机运行故障监测报警电路

① 检查集成块及外围元器件有无安装错误,各焊点质量是否符合要求。

② 接通电源($V_{CC}=+5V$),按表 4-8 所示的真值表验证电路功能,若电路功能不能实现,设法查找并排除故障。

③ 查找并排除故障方法:先检查集成块外围元器件是否安装错误,元器件参数是否正常,集成块是否损坏。

项　目　评　价

项目评价见表 4-15。

表 4-15　项目评价表

评价内容	配分	评分标准	自我评分	小组评分	教师评分
知识内容	10	1. 不能说出电动机运行故障监测报警电路的组成,酌情扣 1～5 分; 2. 不能分析电动机运行故障监测报警电路的工作过程的,扣 5 分			
选配元器件	20	1. 不能正确识别元器件的,选错一个扣 1 分; 2. 不能正确检测元器件的,测错一个扣 1 分			
安装工艺与焊接质量	30	安装工艺与焊接质量不符合要求,每处可酌情扣 1～3 分,例如: 1. 元器件成形不符合要求; 2. 元器件排列与接线的走向错误或明显不合理; 3. 导线连接质量差,没有紧贴电路板; 4. 焊接质量差,出现虚焊、漏焊、搭锡等			
电路调试	10	1. 电路一次通电调试成功,得满分; 2. 如在通电调试时发现电路安装或接线错误,每处扣 3～5 分			
电路检测	20	1. 能正确用万用表测量在路电阻、电压,且记录完整,可得满分; 2. 否则每项酌情扣 2～5 分			
安全、文明操作	10	1. 违反操作规程,产生不安全因素,可酌情扣 7～10 分; 2. 迟到、早退,工作场地不清洁,每次扣 1～2 分			
其他项目		1. 第一个完成电路安装并检测成功的小组,加 3 分; 2. 在完成个人项目前提下,协助老师或帮助其他同学解决问题(安装中的困难)的,经教师确认,加 1～5 分			
合计					
综合评分					

项　目　总　结　与　汇　报

1. 汇报内容

（1）演示制作的项目作品。

（2）讲解项目电路的组成及工作原理。

（3）与大家分享制作、调试中遇到的问题及解决的方法。

2. 汇报要求

（1）演示作品时要边演示边讲解电路的组成及原理。

（2）要重点讲解制作、调试中遇到的问题及解决的方法。

项目 5　电子生日蜡烛电路的制作

项　目　描　述

随着 IT 信息时代的到来,带动了电子产业高速的发展。用数字电路实现的电子生日蜡烛电路能模拟真实蜡烛,用火点亮,用嘴吹灭。点亮时播放"祝你生日快乐"乐曲,吹灭时乐曲停止播放。它能为生日聚会增添喜庆气氛。本项目要求利用 RS 触发器制作一个电子生日蜡烛电路。

项　目　目　标

知识目标
- 熟悉触发器的逻辑符号;
- 掌握触发器的逻辑功能;
- 理解电子生日蜡烛电路的工作过程。

技能目标
- 能认识、检测及选用本项目的元器件;
- 能制作和调试电子生日蜡烛电路。

任务 5.1 RS 触发器逻辑功能的分析与测试

1. 熟悉基本 RS 触发器的功能、基本组成和工作原理。
2. 能用数字逻辑实验箱对 RS 触发器的逻辑功能进行测试。

用实验室提供的数字逻辑实验箱,按任务实施步骤测试 RS 触发器的逻辑功能。

5.1.1 触发器的基本特点

在数字系统中,除了广泛使用数字逻辑门部件输出信号,还常常需要记忆和保存这些二进制数码信息,这就要用到另一个数字逻辑部件:触发器。数字电路中,将能够存储一位二进制信息的逻辑电路称为触发器。触发器是构成时序逻辑电路的基本单元,它具备以下两个基本特点:

(1) 具有两个稳定状态。触发器有两个输出端,分别记作 Q 和 $\overline{Q}$,其状态是互补的。$Q=1$、$\overline{Q}=0$ 是一个稳定状态,称为 1 态。$Q=0$、$\overline{Q}=1$ 是另一个稳定状态,称为 0 态。

如出现 $Q=\overline{Q}=1$ 或 $Q=\overline{Q}=0$,因不满足互补的条件,故称为不定状态。

(2) 根据输入的不同,触发器可以置于 0 态,也可以置于 1 态。所置状态在输入信号消失后保持不变,即它具有存储一位二值信号的功能。

触发器种类很多,按触发方式的不同,可分为同步触发器(电平触发器)、主从触发器及边沿触发器等。根据逻辑功能的差异,可分为 RS 触发器、JK 触发器、D 触发器等几种类型,本任务只介绍 RS 触发器。

5.1.2　基本 RS 触发器

5.1.2.1　电路组成

基本 RS 触发器是由两个与非门 G_1、G_2 交叉耦合构成的,如图 5-1(a)所示。图 5-1(b)为其逻辑符号。$\overline{R}_D$ 和 $\overline{S}_D$ 为信号输入端,它们上面的反号表示低电平有效,在逻辑符号中用小圆圈表示。Q 和 $\overline{Q}$ 为输出端,在触发器处于稳定状态时,它们的状态相反。

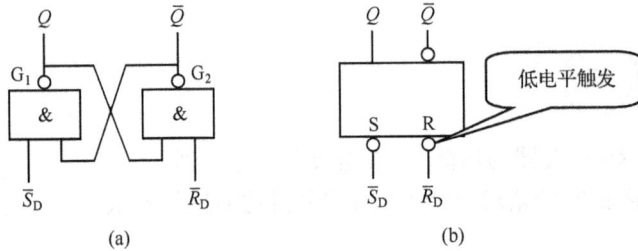

图 5-1　基本 RS 触发器的逻辑图和逻辑符号

5.1.2.2　逻辑功能

根据 $\overline{R}_D$ 和 $\overline{S}_D$ 的不同输入组合,可以得出基本 RS 触发器的逻辑功能。

1) 当 $\overline{R}_D = 0$, $\overline{S}_D = 1$ 时,具有置 0 功能

由于 $\overline{R}_D = 0$,无论触发器现态为 0 态还是 1 态,G_2 与非门输出为 1,使 $\overline{Q} = 1$;而 G_1 门的两个输入端均为 1,G_1 与非门输出为 0,使 $Q=0$,即触发器完成置 0 功能。$\overline{R}_D$ 端称为触发器的置 0 端或复位端。

2) 当 $\overline{R}_D = 1$, $\overline{S}_D = 0$ 时,具有置 1 功能

由于 $\overline{S}_D = 0$,无论触发器现态为 0 态还是 1 态,G_1 与非门输出为 1,使 $Q=1$;而 G_2 门的两个输入端均为 1,G_2 与非门输出为 0,使 $\overline{Q}=0$,即触发器完成置 1 功能。$\overline{S}_D$ 端称为触发器的置 1 端或置位端。

3) 当 $\overline{R}_D = 1$, $\overline{S}_D = 1$ 时,具有保持功能

若触发器原为 0 态,即 $Q=0$、$\overline{Q}=1$,门 G_1 的两个输入均为 1,因此输出 Q 为 0,即触发器保持 0 状态不变。若触发器原为 1 态,即 $Q=1$、$\overline{Q}=0$,门 G_1 的两个输入 $\overline{S}_D = 1$,$\overline{Q}=0$,因此输出 $Q=1$,即触发器保持 1 状态不变。

4) 当 $\overline{R}_D = 0$, $\overline{S}_D = 0$ 时,触发器状态不确定

当 $\overline{R}_D$ 和 $\overline{S}_D$ 全为 0 时,与非门被封锁,迫使 $Q = \overline{Q} = 1$,在逻辑上是不允许的。这种情况应当禁止,否则会出现逻辑混乱或错误。

综上所述,基本 RS 触发器的逻辑功能是置"0"、置"1"和保持。

5.1.2.3　真值表

基本 RS 触发器的真值表如表 5-1 所示,该表能直观地表明基本触发器的输入和输出

状态之间的关系。

表 5-1 基本 RS 触发器的真值表

输入信号		输出状态	功能说明
$\overline{S}_{D}$	$\overline{R}_{D}$	Q^{n+1} (次态)	
0	0	不定	禁止
0	1	1	置"1"
1	0	0	置"0"
1	1	Q^{n} (现态)	保持

5.1.3 同步 RS 触发器

在实际应用中,希望触发器按一定的节拍工作。为此,给触发器加一个时钟控制端 CP,其波形如图 5-2 所示。只有在 CP 端上出现时钟脉冲时,触发器的状态才能变化。由时钟脉冲控制的 RS 触发器称为同步触发器。

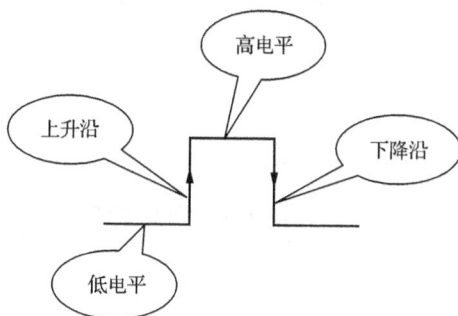

图 5-2 时钟脉冲 CP 的波形

时钟脉冲每个周期可分为 4 个部分,包括低电平部分、高电平部分、上升沿部分和下降沿部分。这样,时钟 RS 触发器可分为电平触发和边沿触发两种方式。这里主要介绍同步 RS 触发器。

5.1.3.1 电路组成

同步 RS 触发器是在基本 RS 触发器的基础上,增加了两个与非门 G_3、G_4,一个时钟脉冲端 CP,其逻辑图与逻辑符号如图 5-3 所示。

5.1.3.2 逻辑功能

1) 无时钟脉冲作用($CP=0$)时,触发器维持原状态

在 $CP=0$ 期间,G_3、G_4 与非门被 CP 端的低电平关闭,使基本 RS 触发器的 $\overline{R}_D = \overline{S}_D = 1$,触发器保持原来状态不变。即无时钟脉冲到来时,无论 R、S 端输入什么信号,触发器的输出状态都不改变,即触发器不工作。

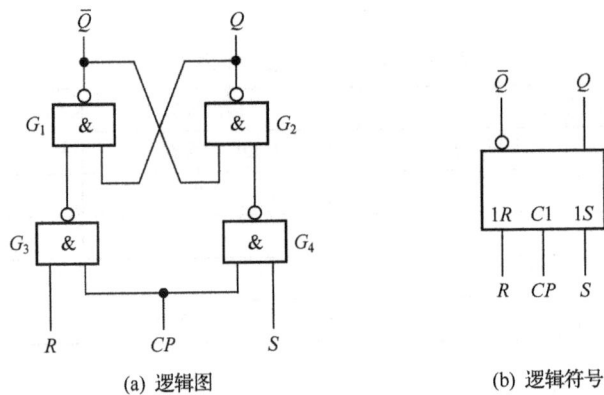

(a) 逻辑图　　　　　　　　　　(b) 逻辑符号

图 5-3　同步 RS 触发器

2) 有时钟脉冲输入($CP=1$)时,R、S 端输入信号起作用,触发器工作

在 $CP=1$ 期间,G_3、G_4 控制门打开,触发器输出状态由输入端 R、S 信号决定,R、S 输入高电平有效,这时的同步触发器就相当于一个基本 RS 触发器。触发器具有置0、置1、保持的逻辑功能。

5.1.3.3　真值表

同步 RS 触发器的真值表如表 5-2 所示。

表 5-2　同步 RS 触发器的真值表

CP	S	R	Q^{n+1}	功能说明
0	×	×	Q^n	保持
1	0	0	Q^n	保持
1	0	1	0	置0
1	1	0	1	置1
1	1	1	不定	禁止

注意:真值表中"×"表示取值可为0或1。

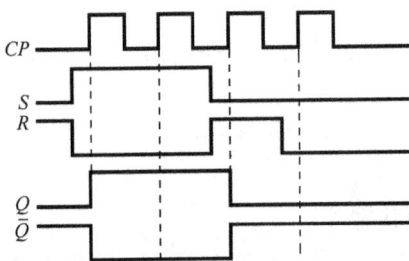

图 5-4　例 5-1 的波形图

例 5-1　已知同步 RS 触发器的波形如图 5-4 所示。试画出 Q 和 $\overline{Q}$ 端对应的波形。设初态为 0 态。

解: 这是一个用已知的 CP、R、S 状态确定 Q 和 $\overline{Q}$ 状态的问题。只要根据每个时间段 CP、R、S 的状态,去查功能表中的 Q 和 $\overline{Q}$ 的相应状态,即可画出波形图。Q 和 $\overline{Q}$ 的波形如图 5-4 所示。

5.1.4　边沿触发和主从触发

5.1.4.1　空翻现象

对触发器而言,在一个时钟脉冲作用下,要求触发器的状态只能翻转一次。而同步 RS 触发器在一个时钟周期的整个高电平期间($CP=1$),如果 R、S 端输入信号多次发生变化,可能引起输出端状态翻转两次或两次以上,时钟失去控制作用,这种现象称"空翻"现象,如图 5-5 所示。空翻是一种有害的现象,它使得时序电路不能按时钟节拍工作,造成系统的误动作。

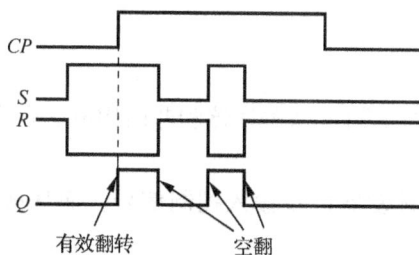

图 5-5　同步 RS 触发器的空翻波形

为了保证触发器可靠工作,防止出现此类多次空翻现象,必须限制输入控制端信号,使其在 $CP=1$ 期间不发生变化。而采用边沿或主从触发方式的触发器,能有效地解决空翻现象。

5.1.4.2　边沿触发

上升沿(又称正边沿)触发方式是指触发器只在时钟脉冲 CP 上升沿那一时刻,根据输入信号的状态按其功能触发翻转,如图 5-6 所示。因此它可以保证触发器在一个 CP 周期内只动作一次,从而克服输入干扰信号引起的误翻转。

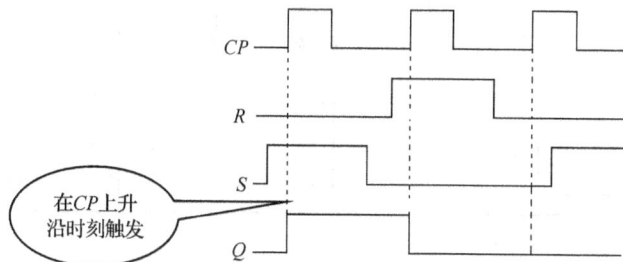

图 5-6　上升沿触发方式示意图

下降沿触发方式是指触发器只是在 CP 下降沿那一时刻按其功能翻转,其余时刻均处于保持状态,如图 5-7 所示。这样,同样能确保触发器在一个 CP 周期内只动作一次。

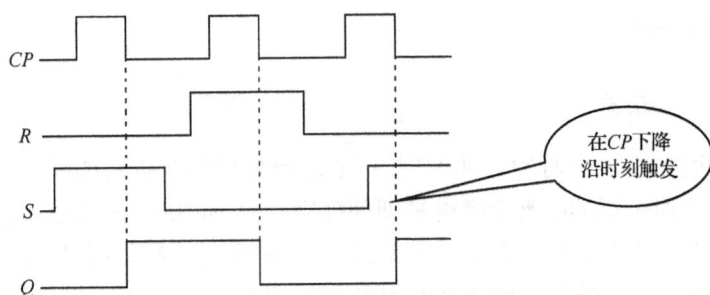

图 5-7　下降沿触发方式示意图

5.1.4.3　主从触发

主从触发器一般是由主触发器、从触发器和非门构成。它为双拍式工作方式,即将一个时钟分为两个阶段。

(1) CP 高电平期间主触发器接收输入控制信号。而从触发器被封锁,保持原状态不变。

(2) 在 CP 由高电平转成低电平时(即下降沿)主触发器被封锁,保持 CP 高电平所接收的状态不变,而从触发器封锁被解除,打开接受主触发器的状态。

主从触发器在 CP 高电平期间,主触发器接收输入控制信号并改变状态;在 CP 下降沿,从触发器接受主触发器的状态。这点与下降沿触发方式不同。

为了便于识别不同触发方式的触发器,目前器件手册中 CP 端采用特定符号加以区别,如表 5-3 所示。

表 5-3　RS 触发器的逻辑符号

触发类型	同步触发器	上升沿触发器	下降沿触发器
符号			

任　务　实　施

(1) 在数字逻辑实验箱中,按图 5-8 用与非门构成基本 RS 触发器,输入端 $\overline{R}_D$、$\overline{S}_D$ 接逻辑开关 K,输出端 Q、$\overline{Q}$ 接电平指示器 L(发光二极管)。

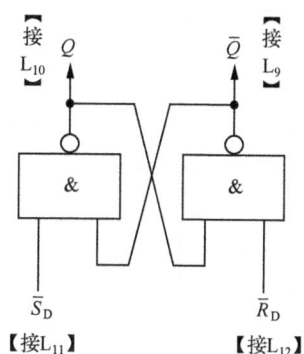

图 5-8　RS 触发器连接图

（2）完成电路的连接并经检查无误后，接通电源。按表 5-4 的要求测试逻辑功能，观察并记录输出端 Q 的状态变化。

表 5-4　RS 触发器测试

输入		输出		功能
$\overline{R}_D$	$\overline{S}_D$	Q	$\overline{Q}$	
0	0			
0	1			
1	0			
1	1			

知　识　拓　展

或非门构成的 RS 触发器

由两个或非门输入端与输出端交叉耦合也可构成一个基本 RS 触发器，如图 5-9（a）所示，图 5-9（b）为其逻辑符号。其中 R_D、S_D 是它的两个输入端，Q、$\overline{Q}$ 是它的两个输出端，这种触发器的触发信号是高电平有效，因此在逻辑符号方框外侧的输入端没有小圆圈。

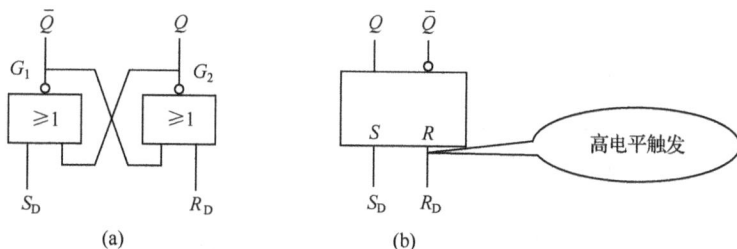

图 5-9　由或非门构成的基本 RS 触发器

由或非门构成的基本 RS 触发器的真值如表 5-5 所示。

表 5-5　由或非门构成的基本 RS 触发器的真值表

输入信号		输出状态	功能说明
R_D	S_D	Q^{n+1}(次态)	
0	0	Q^n	保持
0	1	1	置"1"
1	0	0	置"0"
1	1	不定	禁止

思考与练习

1. 填空题

(1) 触发器有两个稳定状态:$Q=1$、$\overline{Q}=0$ 为触发器的_____态;$Q=0$、$\overline{Q}=1$ 为触发器的_____态。所以触发器的状态指的是_____端的状态。

(2) 两个与非门构成的基本 RS 触发器的功能有_____、_____和_____。电路中不允许两个输入端同时为_____,否则将出现逻辑混乱。

(3) RS 触发器按结构不同,可分为无时钟输入的_____触发器和有时钟输入端的_____触发器。

(4) 按逻辑功能分,触发器主要有_____、_____、_____等几种类型。

(5) 时钟脉冲每个周期可分为_____、_____、_____、_____。

2. 选择题

(1) 同步 RS 触发器禁止(　　)。

　A. $R=S=0$　　　B. $R=0,S=1$　　　C. $R=1,S=0$　　　D. $R=S=1$

(2) 存在空翻现象的触发器是(　　)。

　A. 主从触发器　　B. 上升沿触发器　　C. 下降沿触发器　　D. 电平触发器

(3) 用与非门构成的基本 RS 触发器,当输入信号 $\overline{R}_D=0,\overline{S}_D=1$ 时,其逻辑功能为(　　)。

　A. 置 1　　　　B. 置 0　　　　C. 保持　　　　D. 不定

3. 判断题

(1) 触发器能够存储一位二值信息。　　　　　　　　　　　　　　(　　)

(2) 当触发器互补输出时,通常规定 $Q=0$,$\overline{Q}=1$, 称为 0 态。　(　　)

(3) 同步 RS 触发器没有空翻现象。　　　　　　　　　　　　　　(　　)

4. 综合题

(1) 如图 5-10(a)所示触发器,根据输入波形图 5-10(b),画出 Q 端的输出波形,设电路初态为 0。

(2) 如图 5-11(a)所示触发器,根据输入波形图 5-11(b),画出 Q 端的输出波形,设电路初态为 0。

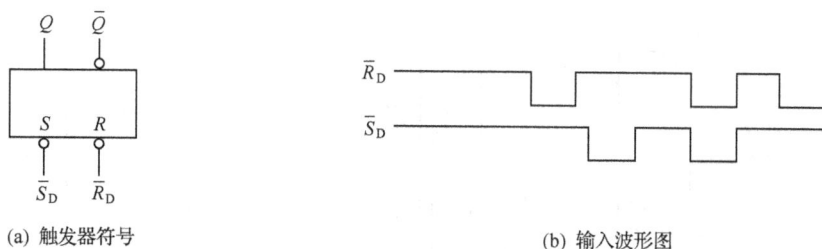

(a) 触发器符号　　　　　　　　　　(b) 输入波形图

图 5-10　综合题(1)附图

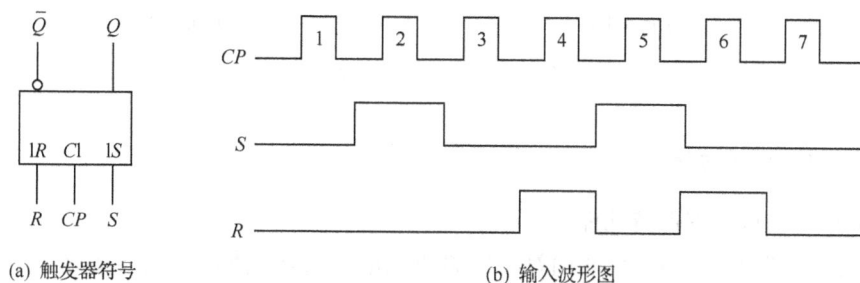

(a) 触发器符号　　　　　　　　　　(b) 输入波形图

图 5-11　综合题(2)附图

任务 5.2　JK 触发器逻辑功能的分析与测试

任　务　目　标

1. 掌握 JK 触发器的符号及功能。
2. 能测试 JK 触发器的逻辑功能并能对数据进行分析。

任　务　要　求

用实验室提供的数字逻辑实验箱,按任务实施步骤测试 JK 触发器电路的功能。

知　识　解　析

5.2.1　同步 JK 触发器

同步 JK 触发器是在同步 RS 触发器的基础上引入两条反馈线,其逻辑电路和逻辑符号如图 5-12 所示。

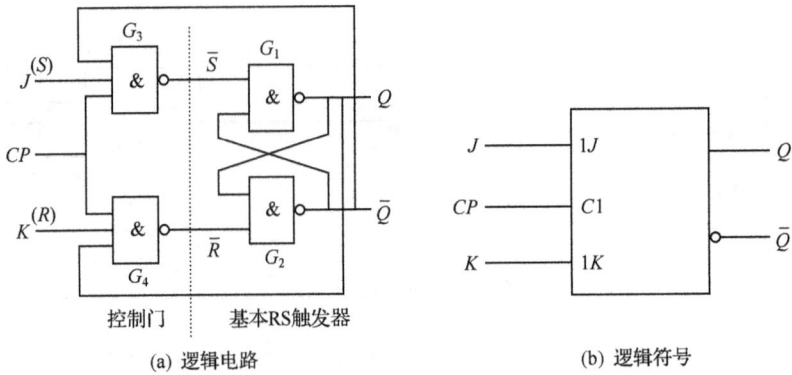

(a) 逻辑电路   (b) 逻辑符号

图 5-12 同步 JK 触发器

5.2.1.1 逻辑功能

1) $CP=0$ 时,实现保持功能

在 $CP=0$ 期间,G_3、G_4 与非门被 CP 端的低电平关闭,使输入信号不起作用,$\overline{R}=\overline{S}=1$,基本 RS 触发器保持原来状态不变。

2) $CP=1$ 时,触发器工作

(1) 当 $J=K=0$ 时,实现保持功能。

无论触发器原状态如何,有 CP 脉冲来时,G_3、G_4 与非门的输出 $\overline{R}=1$,$\overline{S}=1$,触发器保持原来状态不变。

(2) 当 $J=0$,$K=1$ 时,实现置"0"功能。

此时 G_3 与非门的输出 $\overline{S}=1$、G_4 门的输出 $\overline{R}=\overline{Q}$。若触发器原状态为 0,则 $\overline{R}=1$,触发器输出保持原来状态输出为 0;若触发器原状态为 1,则 $\overline{R}=0$,触发器输出置 0。可见,当 $J=0$,$K=1$ 时,且有时钟脉冲到来时,无论触发器原状态如何,触发器置"0"。

(3) 当 $J=1$、$K=0$ 时,实现置"1"功能。

此时 G_3 与非门的输出 $\overline{S}=Q$、G_4 门的输出 $\overline{R}=1$。若触发器原状态为 0,则 $\overline{S}=0$,触发器输出置 1;若触发器原状态为 1,则 $\overline{S}=1$,触发器输出保持原来状态输出为 1。可见,当 $J=1$、$K=0$ 时,且有时钟脉冲到来时,无论触发器原状态如何,触发器置"1"。

(4) 当 $J=1$、$K=1$ 时,实现翻转功能。

此时 G_3 与非门的输出 $\overline{S}=Q$、G_4 门的输出 $\overline{R}=\overline{Q}$。若触发器原状态为 0,则 $\overline{S}=0$、$\overline{R}=1$,触发器输出置 1;若触发器原状态为 1,则 $\overline{S}=1$,$\overline{R}=0$,触发器输出置 0。即触发器的输出总是与原状态相反,$Q^{n+1}=\overline{Q^n}$。可见,当 $J=K=1$ 时,且有时钟脉冲到来时,触发器状态翻转。

从上面的分析可知,JK 触发器具有翻转、保持、置"0"和置"1"的逻辑功能。

5.2.1.2 真值表

JK 触发器的真值见表 5-6。

表 5-6　JK 触发器的真值表

CP	J	K	Q^{n+1}	功能说明
0	×	×	Q^n	保持
1	0	0	Q^n	保持
1	0	1	0	置 0
1	1	0	1	置 1
1	1	1	$\overline{Q^n}$	翻转

5.2.2　主从 JK 触发器

5.2.2.1　逻辑符号

主从 JK 触发器的逻辑符号如图 5-13 所示。图中，$\overline{R}_D$ 为直接置 0 端，低电平有效，$\overline{S}_D$ 为直接置 1 端，低电平有效。$\overline{R}_D = 0$ 或者 $\overline{S}_D = 0$ 将优先决定触发器的状态，但不允许同时出现 $\overline{R}_D = \overline{S}_D = 0$；在触发器工作时应使 $\overline{R}_D = \overline{S}_D = 1$。

5.2.2.2　逻辑功能

主从 JK 触发器是利用两级 RS 触发器，当一个触发器工作时，另一个触发器不工作，将输入端与输出端隔离开来，

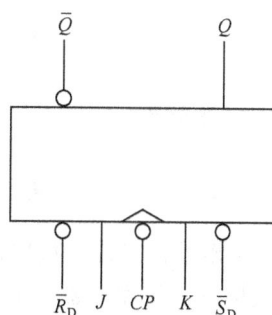

图 5-13　主从 JK 触发器
的逻辑符号

使输出状态的变化发生在 CP 脉冲由高电平下降为低电平的时刻。其逻辑功能与同步 JK 触发器是一样的，都具有翻转、保持、置 0 和置 1 的功能。

主从 JK 触发器的逻辑功能较强，并且 J、K 间不存在约束，但存在一次空翻现象。所谓一次空翻是指 CP=1 期间主触发器只能翻转一次，一旦翻转，即使 J、K 信号发生变化，也不能翻转回去。由于一次空翻现象的存在，为了避免出现错误动作，必须在 CP=1 期间保持 J、K 信号不变，并采用窄时钟脉冲，以减少干扰机会。

解决空翻问题另一种方法是采用边沿触发器。上升沿触发的 JK 触发器的逻辑符号和波形图如图 5-14 所示。

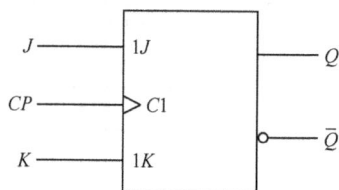

(a) 逻辑符号

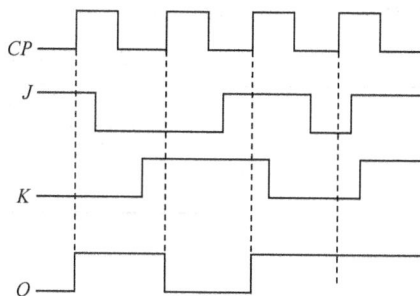

(b) 工作波形

图 5-14　上升沿 JK 触发器的逻辑符号和工作波形

下降沿触发的 JK 触发器的逻辑符号和波形图如图 5-15 所示。

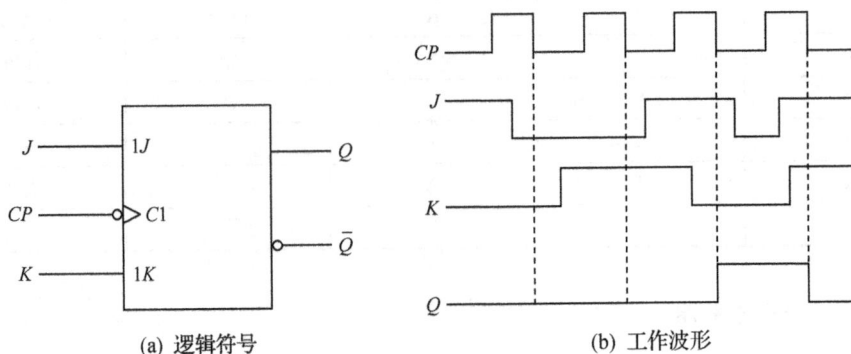

(a) 逻辑符号　　　　　　　　　(b) 工作波形

图 5-15　下降沿 JK 触发器的逻辑符号和工作波形

5.2.3　T 触发器

5.2.3.1　电路结构

T 触发器又称计数型触发器。将 JK 触发器的 J、K 两个端连接在一起作为一个输入端就构成了 T 触发器。T 触发器的逻辑电路如图 5-16 所示。

5.2.3.2　逻辑功能

由图 5-16 可知，T 触发器可以看做是 JK 触发器在"$J=K=0$"和"$J=K=1$"时的情况。从 JK 触发器的逻辑功能可以分析，当 $T=0$ 时，相当于"$J=K=0$"，触发器实现保持功能；当 $T=1$ 时，相当于"$J=K=1$"，触发器实现翻转。

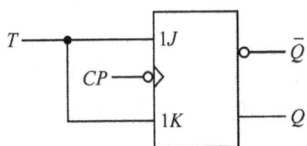

综上所述，T 触发器具有的逻辑功能是：保持和翻转。

图 5-16　T 触发器的逻辑电路

5.2.3.3　真值表

T 触发器的真值表见表 5-7。

表 5-7　T 触发器的真值表

T	Q^{n+1}	功能说明
1	$\overline{Q^n}$	计数（翻转）
0	Q^n	保持

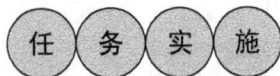

任　务　实　施

1. 查集成电路手册了解 74LS112A 的功能、各引脚名称、用途及使用注意事项。

2. 在数字逻辑实验箱中,按图 5-17 连接边沿触发的 JK 触发器。

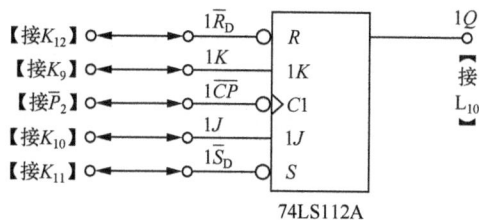

图 5-17 JK 触发器连线图(74LS112A)

3. 完成电路的连接并经检查无误后,接通电源。按表 5-8 的要求测试逻辑功能,观察并记录输出端 Q 的状态变化。

表 5-8 JK 触发器测试

$\overline{R}_D$	$\overline{S}_D$	J	K	$\overline{CP}$	Q^{n+1}	功能
0	1	×	×	×		
1	0	×	×	×		
0	0	×	×	×		
1	1	0	1	↴		
1	1	1	0	↴		
1	1	0	0	↴		
1	1	1	1	↴		

说明:(1)'×'表示任意状态;

(2)'↴'表示按下 $\overline{P}2$ 后放开;

(3)先设 $\overline{R}_D$、$\overline{S}_D$、J、K,最后再输入 CP(按 $\overline{P}2$)。

(4)按从上到下、从左到右的顺序操作,中间不得有误,否则重来。

思考与练习

1. 填空题

(1) JK 触发器提供了_____、_____、_____、_____四种功能。当 $J=1$、$K=0$ 时的逻辑功能是_____。

(2) T 触发器又称_____触发器,T 触发器具有的逻辑功能是_____和_____。

2. 选择题

(1) JK 触发器的 J、K 端同时输入高电平,则处于(   )。

　　A. 保持　　　　　B. 置 0　　　　　C. 翻转　　　　　D. 置 1

(2) 对于 JK 触发器,输入 $J=0$,$K=1$,CP 脉冲作用后触发器的状态应为(   )。

A. 0　　　　　　　　B. 1　　　　　　　C. 与 Q^n 状态有关　　D. 不停翻转

（3）具有翻转功能的触发器是（　　）。

　　A. 基本 RS 触发器　　B. 同步 RS 触发器　　C. JK 触发器

3. 综合题

如图 5-18(a)所示触发器，根据输入波形图 5-18(b)，画出 Q 端的输出波形，设电路初态为 0。

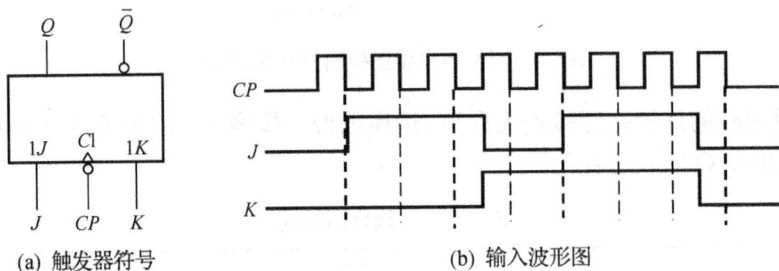

(a) 触发器符号　　　　　　　　(b) 输入波形图

图 5-18　综合题附图

任务 5.3　D 触发器逻辑功能的分析与测试

任 务 目 标

1. 掌握 D 触发器的符号及功能。
2. 能测试 D 触发器的逻辑功能。

任 务 要 求

用实验室提供的数字逻辑实验箱，按任务实施步骤测试 D 触发器电路的功能。

知 识 解 析

5.3.1　D 触发器

5.3.1.1　电路结构

JK 触发器的 K 端串接一个非门后再与 J 端相连，作为输入端 D，即构成了具有置 0 和置 1 功能的 D 触发器，如图 5-19(a)所示，图 5-19(b)为 D 触发器的逻辑符号。

5.3.1.2　逻辑功能

D 触发器只有一个输入端，消除了输出的不定状态。D 触发器具有置 0、置 1 的逻辑

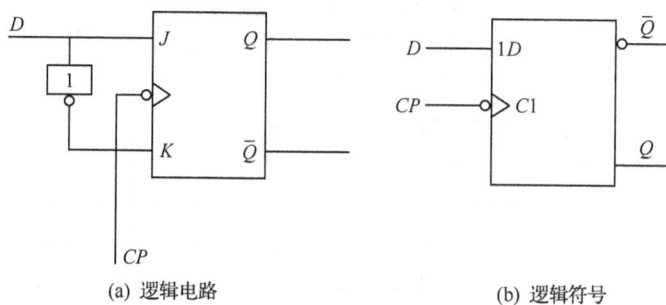

(a) 逻辑电路　　　　　　　　　　　　　(b) 逻辑符号

图 5-19　D 触发器的逻辑电路和逻辑符号

功能,其真值表见表 5-9。

表 5-9　D 触发器的真值表

D	Q^n	Q^{n+1}	功能
0	0	0	
0	1	0	输出状态与 D
1	0	1	状态相同
1	1	1	

5.3.2　边沿 D 触发器

边沿 D 触发器常采用集成电路。下面主要介绍集成边沿 D 触发器的典型器件 74LS74。

5.3.2.1　引脚排列和逻辑符号

74LS74 为双上升沿 D 触发器,其引脚排列和逻辑符号如图 5-20 所示。CP 为时钟输入端;D 为数据输入端;Q、$\overline{Q}$ 为互补输出端;$\overline{R}_D$ 为直接复位端,低电平有效;$\overline{S}_D$ 为直接置位端,低电平有效;$\overline{R}_D$ 和 $\overline{S}_D$ 用来设置初始状态。

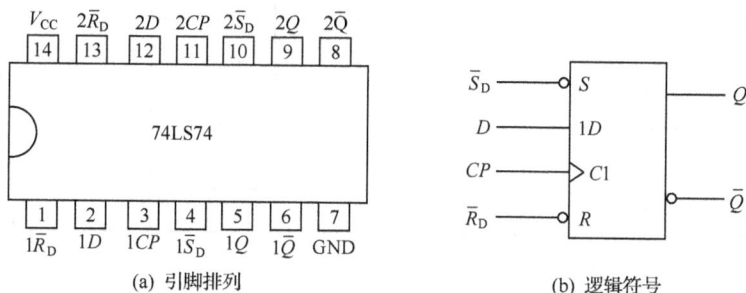

(a) 引脚排列　　　　　　　　　　　　　(b) 逻辑符号

图 5-20　集成双上升沿 D 触发器 74LS74

5.3.2.2　逻辑功能

集成双上升沿 D 触发器 74LS74 的功能见表 5-10,表中"↑"表示上升沿触发。

表 5-10　74LS74 的功能表

输入				输出	逻辑功能
$\overline{R}_D$	$\overline{S}_D$	CP	D	Q^{n+1}	
0	1	×	×	0	设置初态
1	0	×	×	1	
1	1	↑	1	1	置 0
1	1	↑	0	0	置 1

可见,集成 D 触发器的逻辑功能与前面介绍的 D 触发器一样,具有置 0 和置 1 功能。

（任）（务）（实）（施）

1. 在数字逻辑实验箱中,按图 5-21 连接边沿触发的 D 触发器。

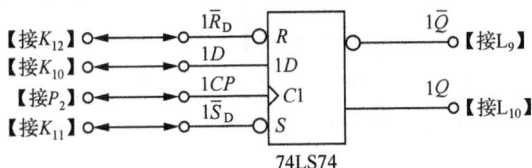

图 5-21　D 触发器连接图

2. 完成电路的连接并经检查无误后,接通电源。按表 5-11 的要求测试逻辑功能,观察并记录输出端 Q 的状态变化。

表 5-11　D 触发器测试

输入				输出		功能
$\overline{R}_D$	$\overline{S}_D$	D	CP	Q	$\overline{Q}$	
0	0	×	×			
0	1	×	×			
1	0	×	×			
1	1	1	⌐Γ			
1	1	0	⌐Γ			
1	1	×	0 或 1			

说明:(1) '×'表示任意状态;

(2) '⌐Γ'表示按下 P2 后放开;

(3) 先设 $\overline{R}_D$、$\overline{S}_D$、D 最后再输入 CP（按 P2）。

(4) 按从上到下、从左到右的顺序操作,中间不得有误,否则重来。

思考与练习

如图 5-22(a)所示触发器,根据输入波形图 5-22(b),画出 Q 端的输出波形,设电路初态为 0。

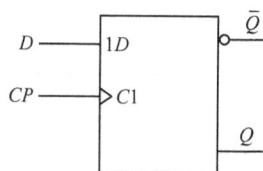

(a) 触发器符号

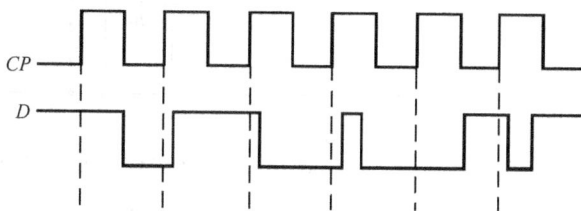

(b) 输入波形图

图 5-22　思考与练习题附图

任务 5.4　电子生日蜡烛电路的分析

任 务 目 标

1. 能分析电子生日蜡烛电路的组成及工作过程。
2. 能识别和检测晶闸管、驻极体话筒。

知 识 解 析

5.4.1　工作原理

电子生日蜡烛的电路原理图如图 5-23 所示。图中,IC_2 为音乐芯片,BM 为驻极体电容话筒,HTD 为蜂鸣器,RT 为双金属片(或用光敏电阻替代)。

由 IC_{1-C} 与 IC_{1-D}(两与非门)构成基本 RS 触发器。刚接通电源时,电容 C_4 上的电压不会突变,使 IC_{1-C} 输出高电平,IC_{1-D} 输出低电平,VT_1、VT_2 均不导通,发光管("蜡烛")LED_1 不亮,音乐集成电路 IC_2 也不工作。

VT_1 用于驱动发光二极管 LED_1 点亮。VT_2 控制音乐芯片 IC_2 是否得电。用打火机灯光照耀 RT 时,RT 闭合,内阻变小,当 A 点电位下降到一定值(达到低电平)时,RS 触发器输出状态翻转,IC_{1-D} 输出高电平,VT_1 导通,"蜡烛"LED_1 点亮。IC_{1-C} 输出低电平,VT_2 导通,音乐片 IC_2 得电,奏响了"祝你生日快乐"的音乐声。

由 IC_{1-A}、IC_{1-B} 及电阻、电容构成两反相器。当对着 BM 吹气时,吹气声由 BM 拾取转

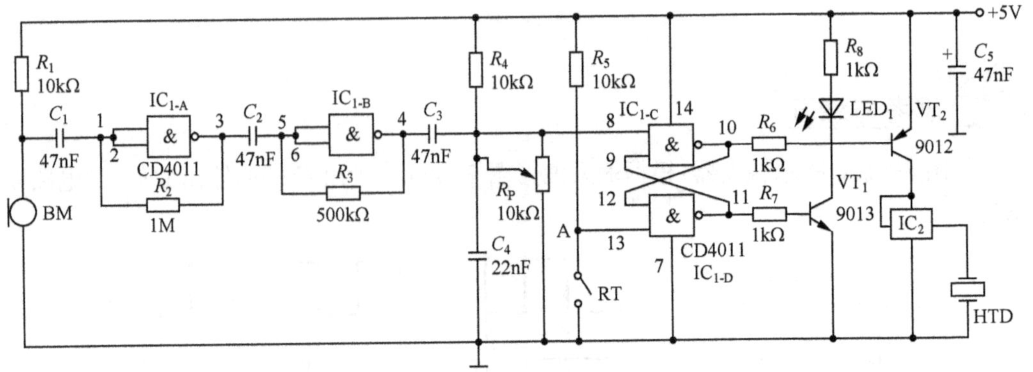

图 5-23 电子生日蜡烛电路原理图

换成电信号,经 IC_{1-A}、IC_{1-B} 放大后,触发 RS 触发器翻转,此时,IC_{1-D} 输出低电平,IC_{1-C} 输出高电平,于是 VT_1、VT_2 均截止,发光二极管 LED_1 不亮(类似于"蜡烛"被吹灭),音乐声也终止,"灯熄乐停"。调节 R_P(电位器)来改变翻转灵敏度。

5.4.2 音乐集成电路

音乐集成电路是一种高度集成的固态电路,常称为音乐 IC,它的内部已经存有现成的音乐,有些芯片里的音乐多一些,有的少一些,可根据自己的需要来购买。音乐 IC 种类繁多,大致分为:音乐类、玩具类、语言报警和报时共四类。

5.4.2.1 特点

① 功能强。音乐 IC 虽然体积小,但功能强大,它的内部包含有谐振电路、音符发生器、只读存储器和控制输出器等单元电路。

② 价格低。

③ 使用方便。音乐 IC 外部电路十分简单,使用者不用了解电路内部复杂的原理,仅需要按要求外接元件即可。

④ 对外界要求不高。音乐 IC 对电源的电压要求不高,允许范围大,耗电量极少。

5.4.2.2 引脚封装

不同音乐芯片的引脚封装不同,应用的时候要注意,在使用时还要按照厂家提供的引脚封装图连接电路。这里给出两款常用音乐芯片 KD9300 和 Pxd888 的引脚封装。

图 5-24 所示为 KD9300 芯片,图中的椭圆形部分为集成电路芯片,从芯片中引出的电极 1~6 为接线引脚。1 脚接电源正极,2 脚为电路触发极,3 脚为集成电路输出端,6 脚为电源负极。

图 5-25 所示为 Pxd888 的引脚封装,图中椭圆部分为集成电路芯片,从芯片中引出的电极 1~4 为接线引脚。1 脚接电源正极,2 脚为集成电路输出端,3 脚为电路触发极,4 脚为电源负极。

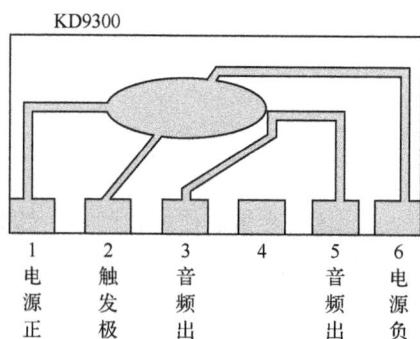

图 5-24   KD9300 的引脚封装

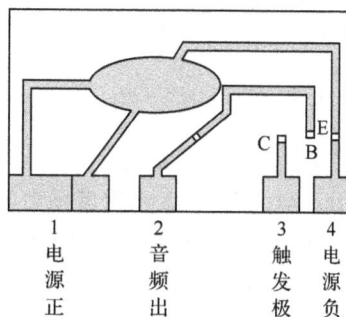

图 5-25   Pxd888 的引脚封装

5.4.3   扬声器

5.4.3.1   外形与图形符号

扬声器是一种将音频信号转变为声音信号的器件,俗称喇叭。按换能方式可分为电磁式、电动式和压电式三种;按工作频率范围可分为高频扬声器、中频扬声器和低频扬声器。

现在使用最广泛的是电动式扬声器,其外形和电路符号如图 5-26 所示。

图 5-26   电动式扬声器的外形与电路符号

5.4.3.2   工作原理

电动式扬声器发声原理是通过交变电流信号的线圈在磁场中运动,使与音圈相连的振膜振动,从而牵扯纸盆振动,再通过空气介质,将声波传送出去。

5.4.3.3   性能指标

1) 额定功率

额定功率是指扬声器在长期正常工作时所能输入的最大电功率,在扬声器的商标、技术说明书上标注的功率即该功率值。常用扬声器的功率有 0.1W、0.25W、0.5W、1W、3W、5W、10W、50W、100W 及 200W。

2) 标称阻抗

标称阻抗又称额定阻抗,是扬声器的交流阻抗值。常用扬声器的标称阻抗有 4Ω、8Ω 和 16Ω。选用扬声器时,其标称阻抗一般应与音频功放器的输出阻抗相符。

3) 频率范围

频率范围是指扬声器有效工作的频率范围。理想的扬声器频率范围为 20Hz～

20kHz，这样就能把全部音频均匀地重放出来，然而这是做不到的。每一个扬声器只能较好地重放音频的某一部分。

5.4.3.4　检测

1）测量直流电阻

用万用表 R×1Ω 挡测量扬声器两引脚之间的直流电阻，正常时应比铭牌扬声器阻抗略小。例如 8Ω 的扬声器测量的电阻正常为 7Ω 左右，测量阻值为无穷大，或远大于它的标称阻抗值，说明扬声器已经损坏。

2）听喀喇喀喇响声

测量直流电阻时，将一只表笔断续接触引脚，应该能听到扬声器发出喀喇喀喇的响声，响声越大越好，无此响声说明扬声器音圈被卡死。

思考与练习

1. 简述电子生日蜡烛的组成和工作过程。
2. 扬声器是如何发出声音的？

项　目　实　施

1. 清点元器件

对照图 5-23 和元器件材料清单表（见表 5-12），清点元器件。

表 5-12　元器件清单

序号	元器件编号	元器件名称	型号或标称值	数量
1	IC_1	集成电路	CD4011B	1
2	IC_2	音乐芯片		1
3	R_1、R_4、R_5	电阻	10kΩ	3
4	R_2	电阻	1MΩ	1
5	R_3	电阻	500kΩ	1
6	R_6、R_7	电阻	1kΩ	2
7	R_8	电阻	1kΩ	1
8	RP	电位器	10kΩ	1
9	RT	双金属片		1
10	VT_1、VT_2	三极管	9012、9013	2
11	C_1、C_2、C_3	涤纶电容	47nF	3
12	C_4	涤纶电容	22nF	1

序号	元器件编号	元器件名称	型号或标称值	数量
13	C_5	电解电容	$47\mu F/50V$	1
14	BM	驻极体话筒	CM-18	1
15	LED_1	发光二极管	红色	1
16	HTD	交流蜂鸣器	HXD	1
17		万能板		1块
18		焊锡丝		若干
19		焊接用细导线		若干

2. 识别与检测元器件

1）识别与检测电阻

从外观识别电阻,用万用表测量本项目所给的电阻并完成表5-13。

表 5-13　电阻识别与检测表

电阻编号	色环颜色	标称值	测量值	万用表量程	质量判别(好/坏)
例如,R1	棕黑橙金	$10\ k\Omega\pm5\%$		$\times 1K$	

2）识别与检测电容

从外观识别电容,用万用表检测本项目所给的电容,并完成表5-14。

表 5-14　电容识别与检测表

电容编号	种类	标称值	实际代表容量和耐压	万用表量程	质量判别(好/坏)
例如,C1	涤纶电容	47n	47 000PF	$\times 10K$	

3）识别与检测集成电路 CD4011B

从外观识别集成电路,用万用表检测本项目所给的集成电路(CD4011B),并完成表5-15。

方法步骤：

（1）判断 CD4011B 的引脚。

（2）用万用表测量 CD4011B 的正反向电阻，将测量结果记录于表 5-15 中，并与正常值比较。

表 5-15   集成电路的识别与检测表

引脚号	①	②	③	④	⑤	⑥	⑦	⑧	⑨	⑩	⑪	⑫	⑬	⑭
正向电阻														
反向电阻														

4）三极管的识别与检测

从外观识别三极管，用万用表检测本项目所给的三极管，并完成表 5-16。

表 5-16   三极管的识别与检测表

三极管编号	型号	外形与极性	材料	类型	质量判别（好/坏）

5）驻极体话筒的识别与检测

从外观识别话筒，用万用表检测本项目所给的话筒，并完成表 5-17。

表 5-17   话筒的识别与检测表

编号	外形与极性	万用表量程	测试条件	电阻值	质量判别
			直接测量		
			向话筒吹气，测量		

6）光敏电阻的识别与检测（选做）

从外观识别光敏电阻，用万用表检测本项目所给的光敏电阻，并完成表 5-18。

表 5-18   光敏电阻的识别与检测

编号	万用表量程	测试条件	电阻值	质量判别
		在室内自然光下		
		用布完全遮住光线下		
		用电筒照射（或太阳光照射）下		

7）扬声器的识别与检测

从外观识别扬声器，用万用表检测本项目所给的扬声器能否发声，并测量其阻抗。

$R=$＿＿＿＿＿＿＿＿ Ω。

3. 制作电子生日蜡烛电路

对元器件进行正确的装配与布局，并进行焊接。

操作步骤：

1）按工艺要求安装色环电阻。

2）按工艺要求安装电容。

3）按工艺要求安装三极管。

4）按工艺要求安装集成电路 CD4011B 和音乐芯片。

5）对安装好的元器件进行手工焊接。

6）检查焊点质量。

4. 调试电子生日蜡烛电路

1）调试

（1）元件安装并检查无误后，可接通电源。用打火机照耀双金属片 RT，可观察到"生日蜡烛"（发光二极管 LED_1）被"点亮"，生日快乐的乐曲奏响。然后对话筒 BM 吹气，"生日蜡烛"灭，音乐停止。则说明电子生日蜡烛电路的功能正常。

（2）若用打火机照耀双金属片 RT 时，LED_1 亮，但音乐没响，可调节 RP 使音乐奏响。

（3）若对话筒 BM 吹气时，LED_1 没灭，音乐也没停止，则调节 RP 使 LED_1 灭，音乐停止。

2）直流在路电阻的测量

电路不通电，用 $R \times 1K\Omega$ 挡测量 CD4011B 集成电路的在路电阻值，将结果填入表 5-19 中。

表 5-19　CD4011B 的在路电阻值　　　　　　　　　单位：kΩ

测法＼引脚	①	②	③	④	⑤	⑥	⑦	⑧	⑨	⑩	⑪	⑫	⑬	⑭
黑接⑦红测														
红接⑦黑测														

3）通电测量

（1）接通电源，LED_1 不亮，音乐不响时，测量三极管 VT_1、VT_2 各引脚的电压，将结果填入表 5-20 中。

表 5-20　发光管不亮音乐不响时三极管各管脚电压

编号	V_B	V_E	V_C
VT_1			
VT_2			

（2）LED₁ 不亮，音乐不响时，测量集成电路 CD4011B 各引脚的电压，将结果填入表 5-21 中。

表 5-21　发光管不亮音乐不响时 CD4011B 各引脚电压

引脚号	①	②	③	④	⑤	⑥	⑦	⑧	⑨	⑩	⑪	⑫	⑬	⑭
电压/V														

（3）用打火机照耀双金属片 RT，LED₁ 亮，乐曲奏响。测量此时三极管 VT_1、VT_2 和集成电路 CD4011B 各引脚的电压，将结果填入表 5-22、表 5-23 中。

表 5-22　发光管亮音乐响时三极管各管脚电压

编号	V_B	V_E	V_C
VT_1			
VT_2			

表 5-23　发光管亮音乐响时 CD4011B 各引脚电压

引脚号	①	②	③	④	⑤	⑥	⑦	⑧	⑨	⑩	⑪	⑫	⑬	⑭
电压/V														

（4）对话筒 BM 吹气，LED₁ 灭，音乐停止。测量此时三极管 VT_1、VT_2 和集成电路 CD4011B 各引脚的电压，将结果填入表 5-24、表 5-25 中。

表 5-24　对话筒吹气时三极管各管脚电压

编号	V_B	V_E	V_C
VT_1			
VT_2			

表 5-25　对话筒吹气时 CD4011B 各引脚电压

引脚号	①	②	③	④	⑤	⑥	⑦	⑧	⑨	⑩	⑪	⑫	⑬	⑭
电压/V														

◆ 项 ◆ 目 ◆ 评 ◆ 价 ◆

项目评价见表 5-26。

表 5-26　项目评价表

评价内容	配分	评分标准	自我评分	小组评分	教师评分
知识内容	10	1. 不能说出电子生日蜡烛电路的组成,酌情扣 1~5 分; 2. 不能分析电子生日蜡烛电路的工作过程的,扣 5 分			
选配元器件	20	1. 不能正确识别元器件的,选错一个扣 1 分; 2. 不能正确检测元器件的,测错一个扣 1 分			
安装工艺与焊接质量	30	安装工艺与焊接质量不符合要求,每处可酌情扣 1~3 分,例如: 1. 元器件成形不符合要求; 2. 元器件排列与接线的走向错误或明显不合理; 3. 导线连接质量差,没有紧贴电路板; 4. 焊接质量差,出现虚焊、漏焊、搭锡等			
电路调试	15	1. 电路一次通电调试成功,得满分; 2. 如在通电调试时发现电路安装或接线错误,每处扣 3~5 分			
电路检测	15	1. 能正确用万用电表测量电阻、电压,且记录完整,可得满分; 2. 否则每项酌情扣 2~5 分			
安全、文明操作	10	1. 违反操作规程,产生不安全因素,可酌情扣 7~10 分; 2. 着装不规范,可酌情扣 3~5 分; 3. 迟到、早退、工作场地不清洁,每次扣 1~2 分			
其他项目		1. 第一个完成电路安装并检测成功的小组,加 3 分; 2. 在完成个人项目前提下,协助老师或帮助其他同学解决问题(安装中的困难)的,经教师确认,加 1~5 分			
合计					
综合评分					

要求:评价要客观公正、全面细致、认真负责。

项　目　总　结　与　汇　报

1. 汇报内容

(1) 演示制作的项目作品。

(2) 讲解项目电路的组成及工作原理。

(3) 与大家分享制作、调试中遇到的问题及解决的方法。

2. 汇报要求

(1) 演示作品时要边演示边讲解电路的组成及原理。

(2) 要重点讲解制作、调试中遇到的问题及解决的方法。

项目 6　数字电子钟的制作

项　目　描　述

　　近年来随着计算机在社会领域的渗透和大规模集成电路的发展,当前时间和温度的现场采集和显示系统已有广泛的使用。数字电子钟是采用数字电路实现对时、分、秒进行数字显示的计时装置,具有走时准确、性能稳定、携带方便等优点,所以数字电子钟的应用范围非常广泛,比如家里、公共场所还有一些特定的地方,如在电力、工业、农业等领域也有很多应用,给人们的生活、学习、工作、娱乐带来极大的方便,成为了人们日常生活中不可缺少的必需品。

　　本次设计的数字电子钟主要实现可以正确地显示时间,并带有按键调整时间和定时闹钟功能。

项　目　目　标

知识目标

1. 理解时序逻辑电路的基本概念及分类;
2. 掌握同步时序逻辑电路的分析方法;
3. 掌握由集成计数器组成任意进制的计数器。

技能目标

1. 能借助资料读懂集成电路的型号,明确各引脚功能;
2. 能分析数字电子钟电路的工作原理并能完成数字电子钟电路的制作与调试。

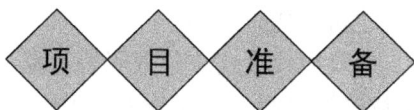

任务 6.1　寄存器的分析与测试

1. 了解寄存器的逻辑功能、构成、分类及应用；
2. 能借助资料读懂寄存器的型号，明确引脚的功能；
3. 能用数字逻辑实验仪器测试寄存器的逻辑功能。

用实验室提供的数字逻辑实验箱，按任务实施步骤测试寄存器的逻辑功能。

6.1.1　时序逻辑电路

时序逻辑电路简称时序电路，它与组合逻辑电路的区别是，任意时刻的输出信号不仅取决于该时刻的输入信号，而且与前一时刻的电路状态有关。

时序电路由组合逻辑电路和存储电路两部分组成，如图 6-1 所示。触发器是构成存储电路的基本单元，也是最简单的时序电路。

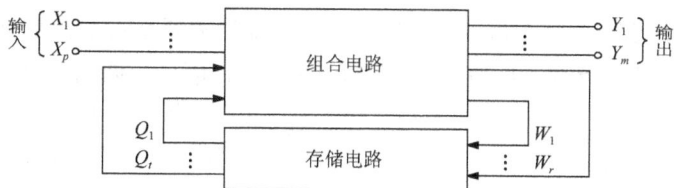

图 6-1　时序逻辑电路组成

时序电路按功能分为计数器、寄存器等；按状态转换情况分为同步和异步时序电路两大类。同步时序电路中，存储电路状态转变在同一时钟下发生。异步时序电路不用统一时钟，或没有时钟。

6.1.2　数码寄存器

能够暂时存放数据和指令的部件称为寄存器。一个触发器就是一个最简单的寄存器,它能存放 1 位二进制代码。k 个触发器能够存放 k 位二进制代码。

暂存二进制数码的寄存器称为数码寄存器。图 6-2 是双拍接收式 4 位数码寄存器,$D_i(i=1,2,3,4)$ 是数码输入端,$Q_i(i=1,2,3,4)$ 是数码输出端。寄存分为两步即双拍:首先清零,即用置 0 信号使所有触发器置 0。然后用接收脉冲将控制门打开,如输入数码 1,则控制门输出低电平,将对应触发器置 1;如输入数码 0,控制门输出高电平,触发器保持原态不变。

单拍接收寄存器不需清零,当接收脉冲到来时即可将数码存入。图 6-3 是四 D 触发器 74LS175,可作为单拍接收式寄存器使用。

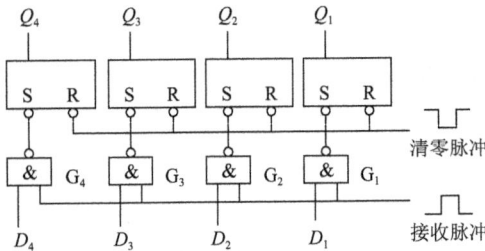

图 6-2　双拍接收式 4 位数码寄存器

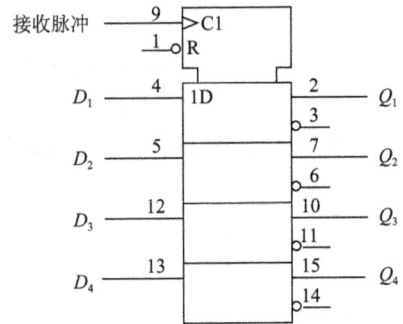

图 6-3　四 D 触发器 74LS175

6.1.3　单向移位寄存器

移位寄存器简称移存器,能在移位脉冲作用下,使寄存数码逐位左移或右移。

图 6-4(a)是 4 位左移移存器,各触发器 CP 端连在一起,作为移位脉冲输入端,$D_0=D_{SL}$ 为数据串行输入端,其余各触发器数据输入 $D_i=Q_{i-1}$。

必须注意,构成移存器的触发器不能有空翻。

移存器使用前先清零,然后输入数据。设输入数码为 1011,在移位脉冲作用下,数码由右向左依次输入移存器。当加入四个移位脉冲后,1011 四位数码恰好全部输入移存器,这时可从四个触发器 Q 端得到并行输出数据。如果需要串行输出数据,则将 Q_3 作为输出端,再加四个移位脉冲,Q_3 端将依次输出 1011 串行信号。如图 6-4(b)所示。

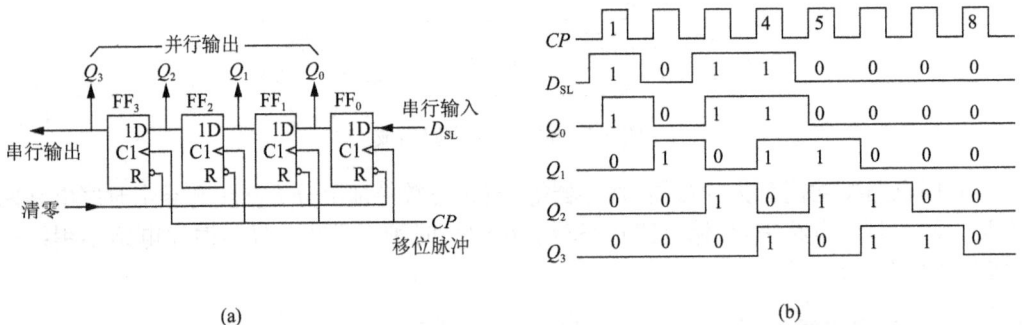

(a)

(b)

图 6-4　4 位左移寄存器

右移寄存器与左移寄存器工作原理相同,只是数码移动方向与左移寄存器相反。

6.1.4　双向移位寄存器

双向移存器能够左移或右移所存数码。

74HC194 是 4 位双向通用移存器,具有异步清零功能,清零信号低电平有效。如图 6-5 所示。M_1、M_0 为工作方式控制端,使电路能够选择 4 种工作方式(4 种工作方式为 $M_0 \sim M_3$):当 $M_1 M_0 = 11$,即 M_3 方式时,为并行送数方式,在 CP 脉冲上升沿作用下,数据由 $D_3 D_2 D_1 D_0$ 端并行送入移存器;当 $M_1 M_0 = 10$,即 M_2 方式时,电路执行左移操作,数据由 D_{SL} 端串行输入,在 CP 脉冲上升沿作用下,数据逐位左移,这时可在 $Q_0 \sim Q_3$ 端得到并行数据输出,也可从 Q_3 端输出串行数据;当 $M_1 M_0 = 01$ 即 M_1 方式时,电路执行右移操作,数码由 D_{SR} 端串行输入,可选择并行输出方式,也可选择串行输出,串行输出端为 Q_0;当 $M_1 M_0 = 00$ 即 M_0 方式时,$Q_i^{n+1} = Q_i^n (i=0,1,2,3)$,即移存器寄存数据保持原状态不变。

可见,74HC194 具有异步清零、左/右移数码、串/并行输入、串/并行输出、保持等功能(见表 6-1)。

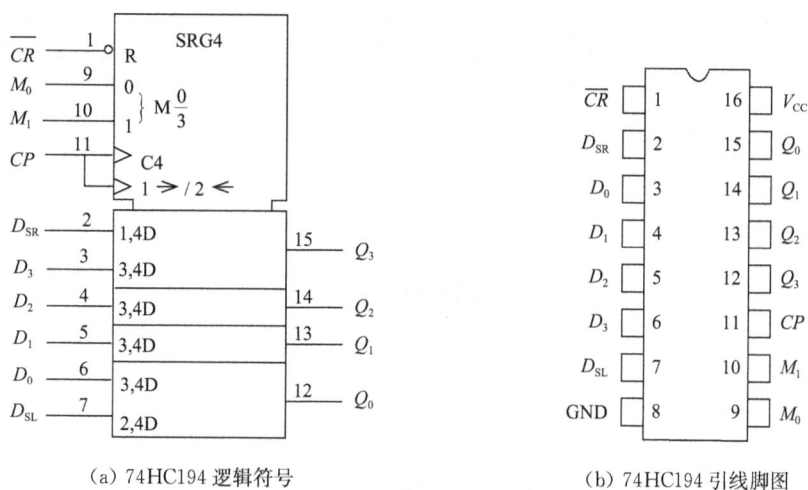

(a) 74HC194 逻辑符号　　　　　(b) 74HC194 引线脚图

图 6-5　74HC194 逻辑符号和引线脚图

表 6-1　74HC194 的功能表

$\overline{CR}$	M_1	M_0	CP	功能
0	×	×	×	异步清零。Q_i 全 0
1	0	0	↑	保持当前状态。$Q_i^{n+1} = Q_i^n$
1	0	1	↑	串入、右移。$Q_3 = D_{SR}$,$Q_{i-1}^{n+1} = Q_i^n$
1	1	0	↑	串入、左移。$Q_0 = D_{SL}$,$Q_{i+1}^{n+1} = Q_i^n$
1	1	1	↑	并行输入。$Q_i = D_i$

6.1.5　寄存器的应用

寄存器用途十分广泛,可用于寄存数据,数据串/并行转换,构成计数器和累加器等。

由移位寄存器构成的计数器称为移存型计数器。环形计数器是移存型计数器中的一种。

图 6-6 所示为 4 位环形计数器,图 6-7(a)和图 6-7(b)分别为其状态图和波形图。

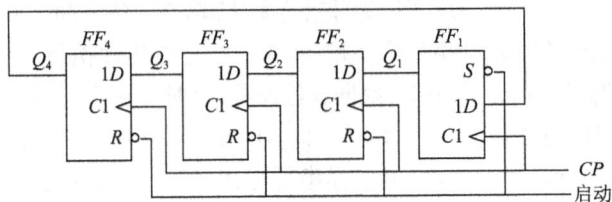

图 6-6　4 位环形计数器

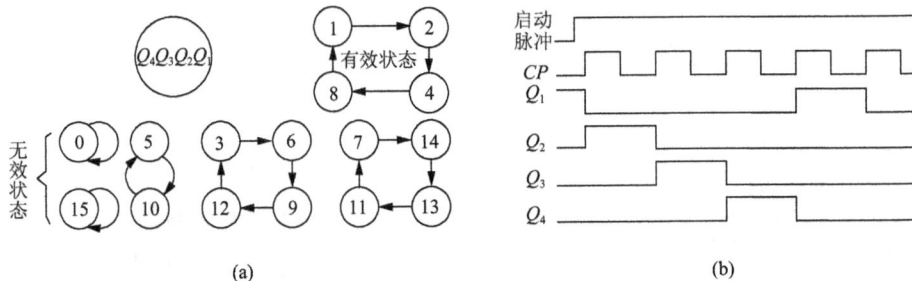

(a)　　　　　　　　　　　　　　　(b)

图 6-7　4 位环形计数器状态图和波形图

任　务　实　施

1. 双向通用移存器 74HC194 的功能及测量

1) 查阅资料,了解 74HC194 的功能、各引脚名称及用途

(1) 完成图 6-8 集成电路的引脚示意图。

图 6-8　4 位双向通用移存器 74HC194 引脚排列示意图

(2) 写出集成电路 74HC194 的功能。

74HC194:_____。

2）用万用表 $R \times 1k$ 挡，黑表笔接⑧脚，红表笔依次接各引脚测电阻值，填入表 6-2 中

表 6-2　引脚测量数据表

引脚号	①	②	③	④	⑤	⑥	⑦	⑧	⑨	⑩	⑪	⑫	⑬	⑭	⑮	⑯
74HC194																

2. 寄存器逻辑功能测试

1）查找集成电路手册

（1）了解 74LS194 功能及其引脚排列。

（2）了解电源端及工作电压值。

（3）了解输入、输出及相关控制端。

2）验证 74LS194 功能

（1）把 74LS194 插入 16B 插座（注意方向）。

（2）按图 6-9 进行连接线，按表 6-3 的要求进行测试，结果填入表 6-3 中。

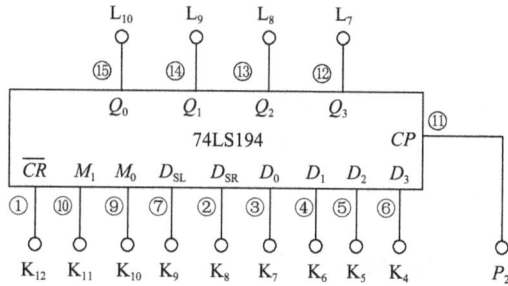

图 6-9　74LS194 功能测试连接图

表 6-3　74LS194 功能表

清零	工作模式	串行输入	并行输入	时钟	输出	功能
$\overline{CR}$	$M_1\ M_0$	$D_{SL}\ D_{SR}$	$D_0\ D_1\ D_2\ D_3$	CP	$Q_0\ Q_1\ Q_2\ Q_3$	
0	× ×	× ×	× × × ×	×		
1	1 1	× ×	0 1 0 0	↑		
1	1 1	× ×	1 0 0 0	↑		
1	1 1	× ×	0 0 0 0	↑		
1	0 1	× 1	× × × ×	↑		
1	0 1	× 0	× × × ×	↑		
1	0 1	× 0	× × × ×	↑		
1	0 1	× 0	× × × ×	↑		
1	1 1	× ×	1 1 1 1	↑		
1	1 0	0 ×	× × × ×	↑		
1	1 0	× ×	× × × ×	↑		
1	1 0	1 ×	× × × ×	↑		
1	1 0	1 ×	× × × ×	↑		
1	0 0	× ×	× × × ×	↑		

注：按从上到下、从左到右的顺序操作，中间不得有误，否则重来。

3）移位寄存器用于分频器

（1）按图 6-10 进行连接线（断电下进行）。

（2）连线检查无误后，开电源，调节"脉宽调节"为顺时最大，调"频率调节"的频率 f_i 为 1～3Hz。

（3）K_8 拨至'0'进行清零。

（4）K_8 拨至'1'，观察 L_{10} 红灯发光情况。

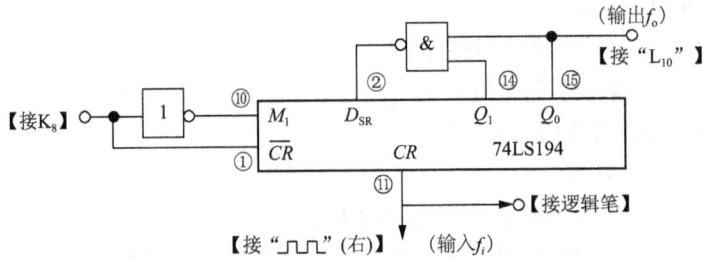

图 6-10　分频器连接图

（5）结论：＿＿＿＿＿＿＿＿＿＿＿＿＿＿＿＿＿＿＿＿＿＿＿＿＿＿＿＿。

4）移位寄存器用于流水彩灯电路（即环形计数器）

（1）按图 6-11 接线，同样 f_i 为 1～3Hz。

（2）K_8 拨至'0'进行清零。

（3）K_8 拨到"1"。

（4）K_5 拨上后再拨下，即"$M_1M_0 = 01$"。

（5）观察 L_{10}～L_7 灯发光情况，写出结论。

（6）结论：＿＿＿＿＿＿＿＿＿＿＿＿＿＿＿＿＿＿＿＿＿＿＿＿＿＿＿＿。

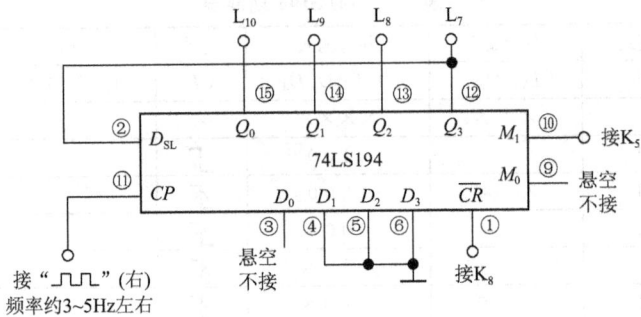

图 6-11　流水彩灯电路连接图

思考与练习

1. 选择题

（1）时序逻辑电路的主要元件是（　　）。

　　A. 与非门　　　　B. 触发器　　　　C. 或非门　　　　D. 非门

(2) 一个 8 位移位寄存器包含数 10101110,输入端接二进制数 1,在三个时钟脉冲后,移位寄存器的内容为(   )。

A. 11111111

B. 11110101

C. 11110000

D. 00000000

E. 10001111

2. 问答题

(1) 什么是时序逻辑电路?

(2) 时序逻辑电路与组合逻辑电路有何区别?

(3) 什么叫寄存器? 数码寄存器有什么作用?

(4) 什么叫移位寄存器? 其有哪些类型?

任务 6.2　计数器的分析与测试

任 务 目 标

1. 了解计数器的基本概念。
2. 掌握二进制计数器和十进制计数器常用集成产品的功能及其应用。
3. 掌握任意进制计数器的设计方法。
4. 能借助资料读懂集成电路的型号,明确各引脚功能。
5. 会识别并测试常用集成计数器。
6. 能用集成计数器产品设计任意进制计数器。

任 务 要 求

用实验室提供的数字逻辑实验箱,按任务实施步骤测试计数器的逻辑功能。

知 识 解 析

6.2.1　二进制计数器

计数器由触发器和门电路组成,它按预定顺序改变其内部各触发器的状态,用以表征输入脉冲个数,即计数。计数器按工作方式分为同步计数器和异步计数器;按进位数制分为二进制计数器和非二进制计数器。

同步计数器:同步是指组成计数器的所有触发器共用一个时钟,从而使得应该翻转的触发器将同时翻转,并且该时钟就是被计数的输入脉冲。

6.2.1.1　二进制计数器

按二进制规律进行计数的电路叫做二进制计数器。由 k 个触发器组成的二进制计数器称为 k 位二进制计数器,它可以累计 $2^k=N$ 个二进制数:$0,1,\cdots,2^k-1$。N 称为计数器的模或进制。若 $k=1,2,3,\cdots$,则 $N=2,4,8,\cdots$,相应的二进制计数器称为模 2 计数器,模 4 计数器,模 8 计数器,$\cdots$。

6.2.1.2　同步二进制加法计数器

二进制加法的计数顺序是,当计数脉冲依次输入时,计数器状态按二进制数依次增加。

图 6-12 是 3 位二进制加法计数器,它由 3 个接成 T 触发器的 JK 触发器和门电路组成。CP 是计数脉冲输入端;$Q_0 \sim Q_2$ 是计数输出端;CO 是进位输出端。计数状态转换真值表如表 6-4 所示。

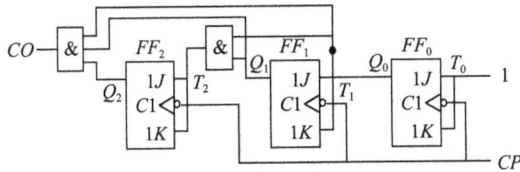

图 6-12　3 位二进制加法计数器

表 6-4　3 位二进制加法计数器状态转换真值表

输入脉冲序号	Q_2^n	Q_1^n	Q_0^n	Q_2^{n+1}	Q_1^{n+1}	Q_0^{n+1}	输出 CO
1	0	0	0	0	0	1	0
2	0	0	1	0	1	0	0
3	0	1	0	0	1	1	0
4	0	1	1	1	0	0	0
5	1	0	0	1	0	1	0
6	1	0	1	1	1	0	0
7	1	1	0	1	1	1	0
8	1	1	1	0	0	0	1

3 位二进制加法计数器的波形图如图 6-13 所示。由图可以看出,每经过一级触发器,输出脉冲周期增加一倍,即频率降低为原来的 1/2。因此,1 位二进制计数器也是二分频器,3 位二进制计数器为八分频器。如触发器有 k 级,则最后一级触发器所输出的脉冲频率就降低为最初输入频率的 $\dfrac{1}{2^k}$,计数器就是 2^k 分频器。

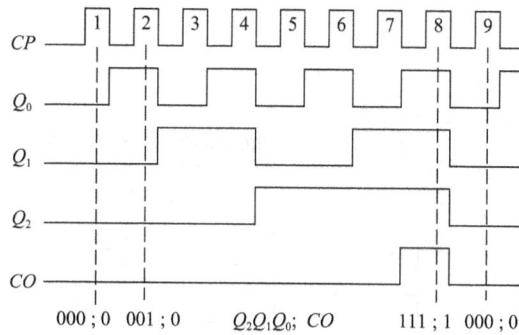

图 6-13　3 位二进制加法计数器的波形图

6.2.1.3　异步二进制加法计数器

图 6-14 是异步 4 位二进制加法计数器,由 4 个具有计数功能的 JK 触发器组成。计数脉冲加到第一级触发器 CP 端,其余各触发器 Q 端依次接高一位触发器 CP 端,由于 JK 触发器具有计数功能,因此,只要低位触发器状态从 1 变 0,其 Q 端产生的下降沿就使高一位触发器翻转。最低位触发器则在 CP 下降沿时翻转。根据以上分析可画出计数器波形图,如图 6-15 所示。图 6-15 中箭头所指表示低位触发器下降沿触发高位触发器,使其改变状态。

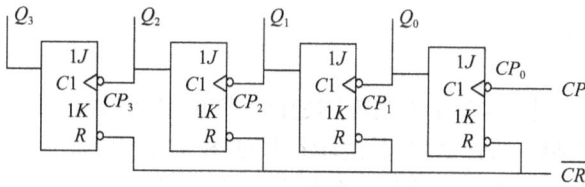

图 6-14　异步 4 位二进制加法计数器

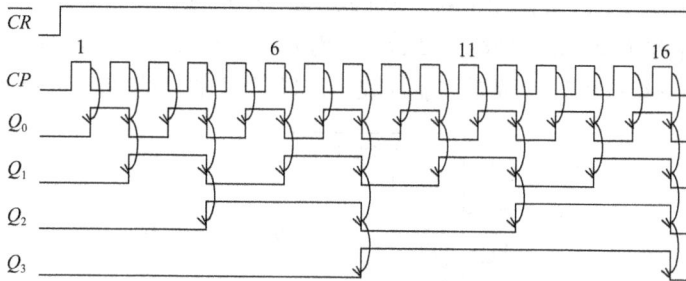

图 6-15　异步 4 位二进制加法计数器波形图

6.2.1.4　可逆计数器

图 6-16 是 4 位二进制加/减计数器 74HC191 的逻辑符号。它除具有可逆计数功能外,还增加了并行送数等功能,功能表如表 6-5 所示。其中"↑"表示 CP 脉冲上升沿作用

时,计数状态改变。

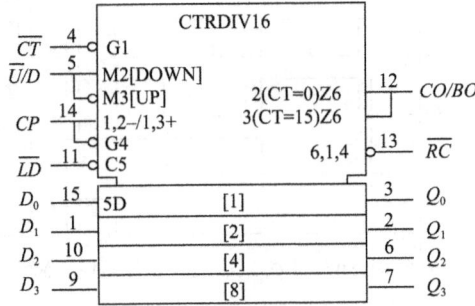

图 6-16　74HC191 逻辑符号

表 6-5　74HC191 功能表

$\overline{LD}$	$\overline{CT}$	$\overline{U}/D$	CP	动作
0	×	×	×	异步预置数
1	0	0	↑	加计数
		1	↑	减计数
	1	×	×	禁止

6.2.2　十进制计数器

当输入计数脉冲到来时,按十进制规律进行计数的电路叫做十进制计数器。

74HC162 是十进制加法计数器,其逻辑符号如图 6-17 所示。它包含 4 个 D 触发器,$Q_3 \sim Q_0$ 是计数输出端。RC 是串行进位输出端。$\overline{CR}$ 是同步清零端,低电平有效,当 $\overline{CR}=0$ 时,在 CP 上升沿作用下,触发器均被置零。同步预置控制端 $\overline{LD}$ 为低电平有效,当 $\overline{LD}=0$ 且 $\overline{CR}=1$ 时,在 CP 上升沿作用下,将预置数 $P_3P_2P_1P_0$ 送入 $Q_3Q_2Q_1Q_0$。CT_T、CT_P 是计数控制端,高电平有效,如果 $\overline{CR}=1$,$\overline{LD}=1$,而 $CT_T \cdot CT_P=0$,各触发器将保持原状态不变。只有 $CT_T \cdot CT_P=1$,计数器才能计数。74HC162 的功能如表 6-所示。

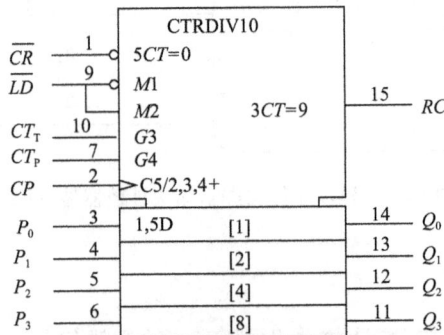

图 6-17　74HC162 逻辑符号

表 6-6 74HC162 功能表

CP	$\overline{CR}$	$\overline{LD}$	CT_T	CT_P	操作
↑	0	×	×	×	同步清零
↑	1	0	×	×	同步预置数
↑	1	1	1	1	加计数
×	1	1	0	×	保持
×	1	1	×	0	保持

表 6-7 是 74HC162 的状态表。根据状态表可以画出状态图如图 6-18 所示。图中，转移线旁边的标注是输出 RC 取值。

表 6-7 74HC162 计数器的状态表

序号	Q_3^n	Q_2^n	Q_1^n	Q_0^n	Q_3^{n+1}	Q_2^{n+1}	Q_1^{n+1}	Q_0^{n+1}	RC	说明
1	0	0	0	0	0	0	0	1	0	
2	0	0	0	1	0	0	1	0	0	
3	0	0	1	0	0	0	1	1	0	
4	0	0	1	1	0	1	0	0	0	
5	0	1	0	0	0	1	0	1	0	有效状态
6	0	1	0	1	0	1	1	0	0	
7	0	1	1	0	0	1	1	1	0	
8	0	1	1	1	1	0	0	0	0	
9	1	0	0	0	1	0	0	1	0	
10	1	0	0	0	1	0	0	0	1	
11	1	0	1	0	1	0	1	1	0	
12	1	0	1	1	0	1	0	0	1	
13	1	1	0	0	1	1	0	1	0	无效状态
14	1	1	0	1	0	1	0	0	1	
15	1	1	1	0	1	1	1	1	0	
16	1	1	1	1	0	0	0	0	1	

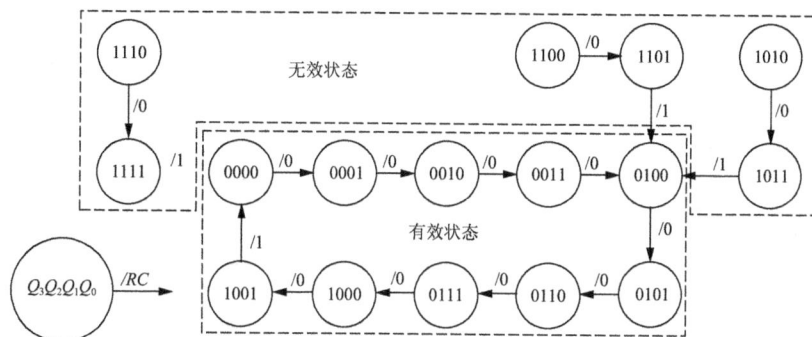

图 6-18 74HC162 计数器的状态图

由 4 个触发器组成的计数器有 $2^4 = 16$ 种状态,而十进制计数器只用 10 种,这 10 种称为有效状态,其余称为无效状态。如果计数器能由无效状态自动转入有效状态,则称计数器能自启动。只要有一个无效状态始终不能转入有效状态,就称不能自启动。

6.2.3　异步非二进制计数器

74LS90 是异步二-五-十进制加法计数器,它既可以作二进制加法计数器,又可以作五进制和十进制计数器。

图 6-19 为 74LS90 逻辑符号,表 6-8 为功能表,图 6-20 所示为 74LS90 引脚排列图。

通过不同的连接方式,74LS90 可以实现四种不同的逻辑功能;而且还可以借助 R_1、R_2 对计数器清零,S_1、S_2 将计数器置 9。

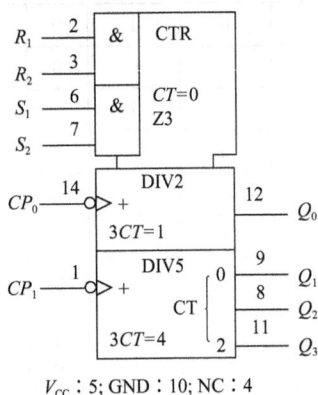

图 6-19　74LS90 逻辑符号

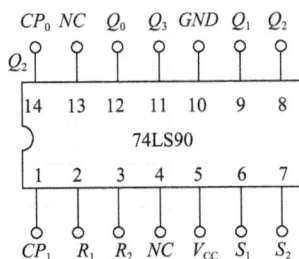

图 6-20　74LS90 引脚排列图

表 6-8　74LS90 功能表

输入			输出	功能
清 0	置 9	时钟	$Q_3Q_2Q_1Q_0$	
R_1、R_2	S_1、S_2	CP_0　CP_1		
1　1	0　× ×　0	×　×	0 0 0 0	清 0
0　× ×　0	1　1	×　×	1 0 0 1	置 9
0　× ×　0	0　× ×　0	↓　1	Q_0 输出	二进制计数
		1　↓	$Q_3Q_2Q_1$ 输出	五进制计数
		↓　Q_0	$Q_3Q_2Q_1Q_0$ 输出 8421BCD 码	十进制计数
		Q_3　↓	$Q_0Q_3Q_2Q_1$ 输出 5421BCD 码	十进制计数
	1　1		不变	保持

异步计数器结构简单,但由于各触发器异步翻转,所以工作速度低,并且在进行状态译码输出时,容易产生冒险。因此异步计数器主要用作分频器。

6.2.4　集成计数器构成 N 进制计数器的方法

利用集成计数器构成 N 进制计数器有两种方法。

6.2.4.1　串接法

将两计数器串接,所得新计数器的模为两计数器模之乘积,如图 6-21 所示。用模 10 和模 6 计数器串接起来,可以构成模 60 计数器。串接法能够增大计数器计数长度,即增大计数器模值。

图 6-21　模 60 计数器

6.2.4.2　反馈法

反馈法是利用计数器计数到某一数值时,由电路产生的置位脉冲或复位脉冲,加到计数器预置数控制端或清零端,使计数器恢复到起始状态并重新计数,达到改变计数器计数长度的方法。使用反馈法,能够由模值大的计数器得到模值小的计数器。

下面结合图 6-22,分析通过反馈法用 74HC160 构成模 6 计数器的原理。74HC160 与 74HC162 功能相同,只是 74HC160 为异步复位 $\overline{CR}$ 。

1) 反馈置 0 法

图 6-22(a)电路计数状态是 $0 \to 1 \to \cdots \to 5$,当计数器计数到 0101(对应十进制数 5)时,Q_0 和 Q_2 为 1,与非门输出是 0。因 74HC160 是同步预置数,所以,下一个计数脉冲即 CP 到来时,将 $P_3 \sim P_0$ 数据 0000 送入计数器,使计数器又从数据 0 开始计数,一直计数到 5,重复上述过程。

反馈置 0 法是利用反馈置计数器初始值为 0000 的方法构成 N 进制计数器。

2) 反馈预置法

图 6-22(b)计数器状态是 $4 \to 5 \to \cdots \to 9$,当计数到 9 时,进位输出 RC 为 1,经非门后 $\overline{LD} = 0$,下一时钟到来时,0100 送入计数器,此后又从 4 开始计数,重复上述过程。

反馈预置法是利用反馈预置初始值的方法构成 N 进制计数器。

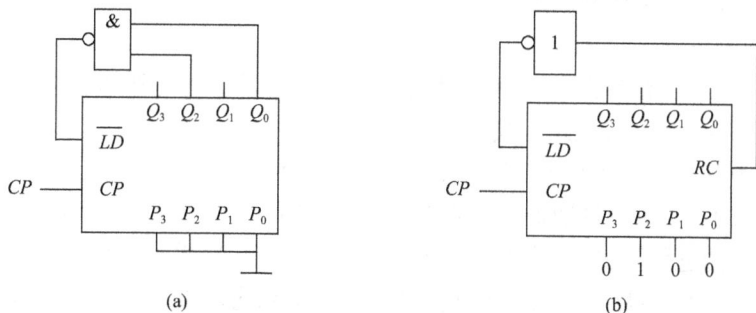

图 6-22　模 6 计数器

3）直接复位法

图 6-23(a)中,电路利用直接置 0 端,使计数器工作状态为 0→1→2→3→4→5,当计数器计到 6 时(状态 6 出现的时间极短,不能作为一种计数态,它仅仅是为了使计数器复位的过渡状态),Q_2 和 Q_1 均为 1,使 $\overline{CR}$ 为 0,由于 74HC160 是异步复位,所以计数器立即被强迫回到 0 状态,开始新的循环。

直接复位法的缺点是输出信号有毛刺,见波形图 6-23(b)中的 Q_1。这是因为 Q_2 和 Q_1 同时为 1(即状态 6)时,才会产生置 0 脉冲,并且送到 $\overline{CR}$ 端,而一旦计数器被置 0,Q_2 和 Q_1 又回到 0,使得计数器在状态 6 闪了一下的缘故。

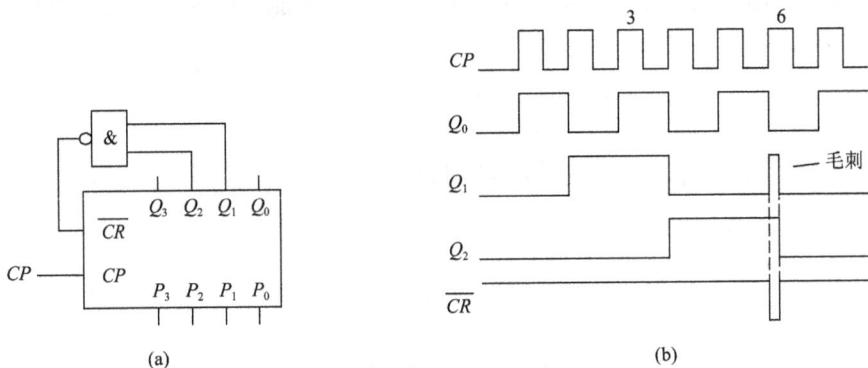

图 6-23　改进的模 6 计数器

知 识 拓 展

1. 计数器分析与设计

(1) 计数器逻辑功能的分析过程一般为 6 个步骤:

① 确定驱动方程(激励方程、输入方程、每个触发器的输入信号表达式,有时还需要写时钟方程,即触发器时钟信号表达式)。

② 状态方程(将激励方程代入特征方程得到)。

③ 输出方程(输出函数表达式由逻辑图确定)。

④ 列状态转换真值表。

⑤ 画状态转换图。

⑥ 画出时序图(工作波形)。

(2) 计数器设计。

计数器的设计方法有两种,一种是利用现有集成计数器通过外部电路适当连接构成。另一种是利用触发器和门电路构成。

例 6-1:利用两片 74HC162 构成六十进制计数器。

解:构成的六十进制计数器如图 6-24 所示。图中,片①为模 10 计数器,片②接成模 6 计数器,片①的进位输出 RC 与片②的 CT_T、CT_P 相连。这样,当片①的 $RC=1$ 时,便可使高位计数器计数;而片①的 $RC=0$ 时,高位计数器状态不变。计入 59 个脉冲后,计数器状态为

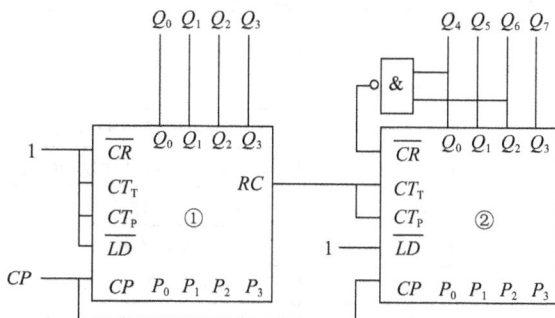

图 6-24 六十进制计数器

$Q_7 Q_6 Q_5 Q_4 Q_3 Q_2 Q_1 Q_0 = 01011001$

与非门输出为 0,使片②的 $\overline{CR}=0$。由于 74HC162 为同步置 0,所以,下一个 CP 到来时,计数器恢复为 00000000。

2. 计数器的应用

计数器的用途十分广泛,可以用来定时、计数,测量脉冲频率、周期等。

(1) 构成分频器。计数器可用于构成分频器,N 进制计数器可实现 N 分频器。

(2) 测量脉冲频率,电路如图 6-25 所示。

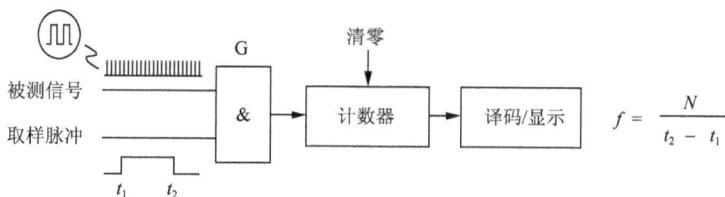

图 6-25 测量脉冲频率电路

(3) 测量脉冲周期,电路如图 6-26 所示。

$$T_x = N / f = N(\mu s)$$

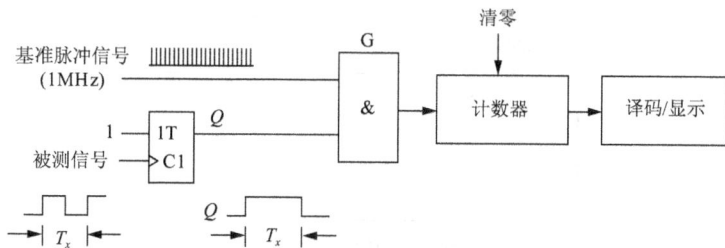

图 6-26 测量脉冲周期电路

3. 常用数字集成寄存器和计数器

常用数字集成寄存器和计数器的型号及功能见表 6-9。

表 6-9 常用 74LSXX 系列集成芯片型号、功能及 CMOS 数字集成电路标准系列——4000 系列

功能	集成芯片型号	功能	集成芯片型号
同步十进制计数器	74LS160/162	十进制计数器/7 段译码器	4026B
同步十进制加/减计数器	74LS168/190/192	可预置 BCD 计数器	40160/162
同步 4 位二进制计数器	74LS161/163	14 位二进制计数/分配器	4060B
同步 4 位二进制加/减计数器	74LS169/191/193	十进制加/减计数器/七段译码器	40110
二—五混合进制计数器	74LS196/290	十进制计数器/七段译码器	4033B
4 位二进制计数器	74LS177/197/293	可预置 BCD 加/减计数器	40192
双 4 位二进制计数器	74LS393	可预置 4 位二进制加/减计数器	40193
可预置 4 位二进制计数器	40161/163	4 位并入/串入—并出/串出移位寄存器	40194/195
十进制计数/分配器	4017B	4 位双向移位寄存器	40104B

任　务　实　施

1. 查阅资料

1) 完成每个集成电路的引脚示意图

完成图 6-27 所示集成电路 74LS112、74LS161、74HC191、74HC162、74LS290 的引脚示意图

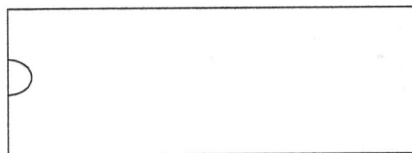

(a) 74LS112引脚排列示意图

(b) 74LS161引脚排列示意图

(c) 74LS191引脚排列示意图

(d) 74HC162引脚排列示意图

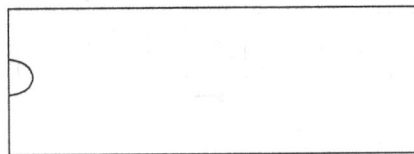

(e) 74LS290引脚排列示意图

图 6-27　典型集成计数器的引脚排列示意图

2) 写出每个集成电路的功能

74LS112：_____；

74LS161：_____；

74HC191：_____；

74HC162：_____；

74LS290：_____。

2. 用万用表 $R \times 1\mathrm{k}$ 挡，黑表笔接地，红表笔依次接各引脚测每个集成电路的电阻值，填入表 6-10 中。

表 6-10 引脚测量数据表

引脚号	①	②	③	④	⑤	⑥	⑦	⑧	⑨	⑩	⑪	⑫	⑬	⑭	⑮	⑯
74LS112																
74LS161																
74HC191																
74HC162																
74LS290																

3. 计数器逻辑功能测试

1）查找集成电路手册

（1）了解 74LS112 和 74LS90 它们的功能及其引脚排列与名称。

（2）了解电源端及工作电压值。

（3）了解输入、输出及相关控制端。

2）异步二进制加法计数器（16 进制加法计数器）

（1）按图 6-28 进行连接，其中：

① 1JK 和 2JK 利用灰色区域的 74LS112，3JK 和 4JK 采用白色区域的 16B 插座。

② 74LS112 插入 16B 插座（在白色区域，注意缺口对应缺口）。

③ 具体接线方法如下：

K_{12}—$1\overline{R}_\mathrm{D}$—$2\overline{R}_\mathrm{D}$—⑭—⑮用导线相连；K_{11}—$1\overline{S}_\mathrm{D}$—$2\overline{S}_\mathrm{D}$—④—⑩用导线相连；$1Q$—$2\overline{CP}$—L_7 相连；$2Q$—①—L_8 相连；⑤—⑬—L_9 相连；⑨—L_{10} 相连；$1\overline{CP}$—P2 相连。

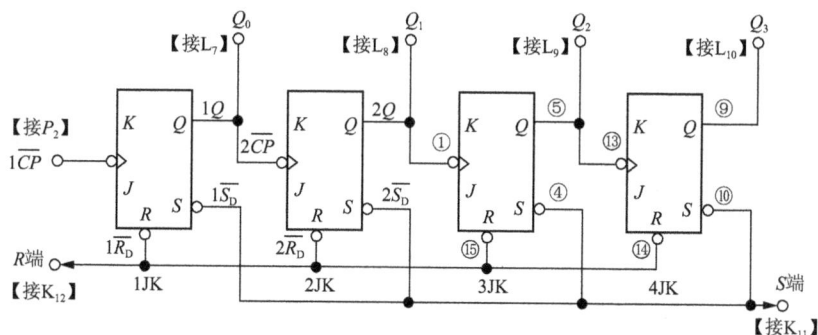

图 6-28 异步二进制加法计数器连接图

注：①、④、⑤、⑨、…指白色区域 16B 的插孔号；

$1\overline{R}_\mathrm{D}$、$2\overline{R}_\mathrm{D}$、1Q、…指灰色区域 74LS112 的插孔符号；断电下进行。

（2）K_{11} 置'1'电平；然后对电路进行清零（即把 K_{12} 从"上"→"下"→"上"拨一下）。

（3）当 Q_3、Q_2、Q_1、Q_0 全为 0 后，连续间隔按动单次脉冲（即间隔按下 P_2 按钮），记录此时 Q_3、Q_2、Q_1、Q_0 的状态，填入图 6-29 中（注意：K_{11} 和 K_{12} 要保持置'1'不变）。

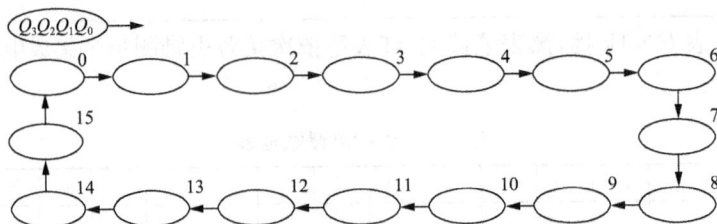

图 6-29　异步二进制加法计数器状态转换图

3）集成计数器 74LS90 功能测试

按图 6-30 在 14B 插座进行连线，按表 6-11 的要求进行测试，结果填入表 6-12 中。

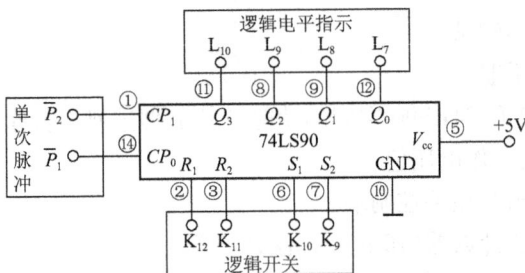

图 6-30　74LS90 功能测试连接图

说明：74LS90 插入白色区域 14B，需单独接+5V 电源，接线方法如下：

①→ $\overline{P_2}$；②→ K_{12}；③→ K_{11}；⑤→ +5V；⑥→ K_{10}；⑦→ K_9；⑧→ L_9；⑨→ L_8；⑩→'⊥'或 GND；⑪→ L_{10}；⑫→ L_7；⑭→ $\overline{P_1}$

表 6-11　74LS90 的功能测试表

输　入						输　出				功　能
R_1	R_2	S_1	S_2	CP_0	CP_1	Q_3	Q_2	Q_1	Q_0	
×	×	1	1	×	×					
1	1	0	×	×	×					
1	1	×	0	×	×					
0	×	0	×	1 ⅂	×	—				
				2 ⅂	×	—				
×	0	×	0	×	1 ⅂				—	
				×	2 ⅂				—	
				×	3 ⅂				—	
				×	4 ⅂				—	
				×	5 ⅂				—	
0	×	×	0	功能测试见下面第 4）步						
×	0	0	×	功能测试见下面第 5）步						

注：先按动 $\overline{P_1}$ 或 $\overline{P_2}$ 后，再看结果。

4）用 74LS90 构成 8421 码 异步十进制加法计数器

按图 6-31 进行连线，测试计数器，将结果填入图 6-32 的状态图中。

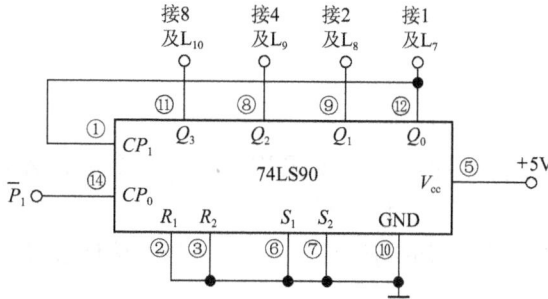

图 6-31　8421 异步十进制计数器连接图

说明：仍用 74LS90，在 14B 中按下列方式（断电下）连线：

①→⑫→接（蓝色区）′1′→ L₇；②→③→⑥→⑦→⑩→GND（或‘⊥’）；⑤→+5V；⑧→接（蓝色区）′4′→L₉；⑨→接（蓝色区）′2′→L₈；⑪→接（蓝色区）′8′→L₁₀；⑭→$\overline{P_2}$。

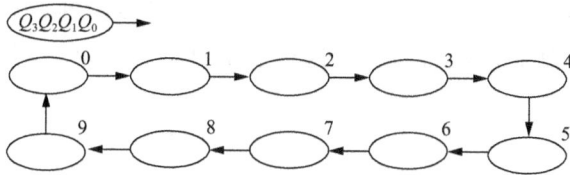

图 6-32　8421 异步十进制计数器状态转换图

注：先按动 $\overline{P_2}$ 后，再看转换状态结果一次。

5）用 74LS90 构成 5421 码 异步十进制加法计数器

按图 6-33 进行连线，测试计数器，将结果填入图 6-34 的状态图中。

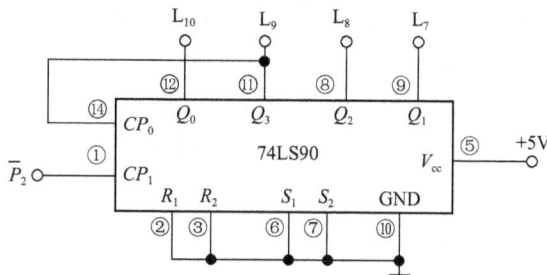

图 6-33　5421 异步十进制计数器连接图

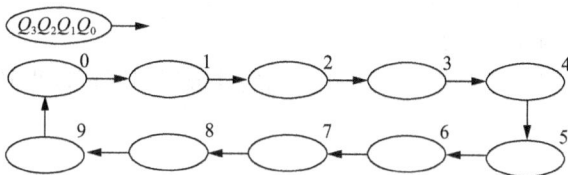

图 6-34　5421 异步十进制计数器状态转换图

计数器使用特点：_____。

思考与练习

1. 填空题

(1) 构成一个五进制计数器至少要采用_____个触发器，这时构成的电路有_____个有效状态，_____个无效状态。

(2) 4 位二进制加法计数器的初始状态为 0000，当给该计数器输入 6 个脉冲后，计数器的状态为_____。

(3) 时序逻辑电路按状态转换分为_____时序电路和_____时序电路。

2. 选择题

(1) 同步计数器与异步计数器比较，同步计数器的显著优点是(　　)。

    A. 工作速度高　　　　　　　　　　B. 触发器利用率高

    C. 电路简单　　　　　　　　　　　D. 不受时钟 CP 控制

(2) 把一个五进制的计数器与一个四进制的计数器串联可得到(　　)进制的计数器。

    A. 4　　　　　　　B. 5　　　　　　　C. 9　　　　　　　D. 20

(3) 下列逻辑电路中为时序逻辑电路的是(　　)。

    A. 译码器　　　　　　　　　　　　B. 全加器

    C. 数码寄存器　　　　　　　　　　D. 数据选择器

(4) N 个触发器可以构成寄存(　　)位二进制数码的寄存器。

    A. $N-1$　　　　　B. N　　　　　　C. $N+1$　　　　　D. 2^N

(5) 一位 8421BCD 码计数器至少需要(　　)个触发器。

    A. 3　　　　　　　B. 4　　　　　　　C. 5　　　　　　　D. 10

(6) 3 个触发器可以构成最大计数长度(进制数)为(　　)的计数器。

    A. 3　　　　　　　B. 6　　　　　　　C. 9　　　　　　　D. 8

3. 判断题

(1) 组合逻辑电路不含有记忆功能。　　　　　　　　　　　　　　(　　)

(2) 时序电路不含有记忆功能。　　　　　　　　　　　　　　　　(　　)

(3) 计数器的长度是指构成计数器的触发器的个数。　　　　　　　(　　)

(4) 利用集成计数器构成 N 进制计数器的方法有串接法和反馈法。(　　)

(5) 寄存器可以构成计数器。　　　　　　　　　　　　　　　　　(　　)

(6) 把一个四进制的计数器和一个六进制的计数器串联可以得到十进制的计数器。

                                                   (　　)

4. 分析题

(1) 什么叫做计数器？有哪些类型？

（2）什么叫做同步计数器？什么叫做异步计数器？

（3）什么叫做二进制计数器？

（4）什么叫做十进制计数器？它与二进制计数器的区别在哪里？

任务 6.3　数字电子钟电路的分析

任 务 目 标

1. 能分析数字电子钟电路的组成及工作过程。
2. 能制作与调试数字电子钟电路。

知 识 解 析

6.3.1　工作原理

6.3.1.1　数字电子钟电路的组成

1）数字电子钟逻辑框图如图 6-35 所示。

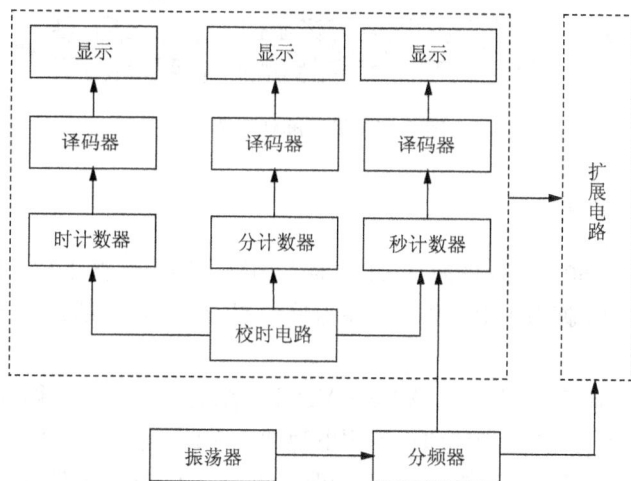

图 6-35　数字电子钟的逻辑框图

2）电路原理图如图 6-36 所示。

3）显示屏外形如图 6-37 所示。

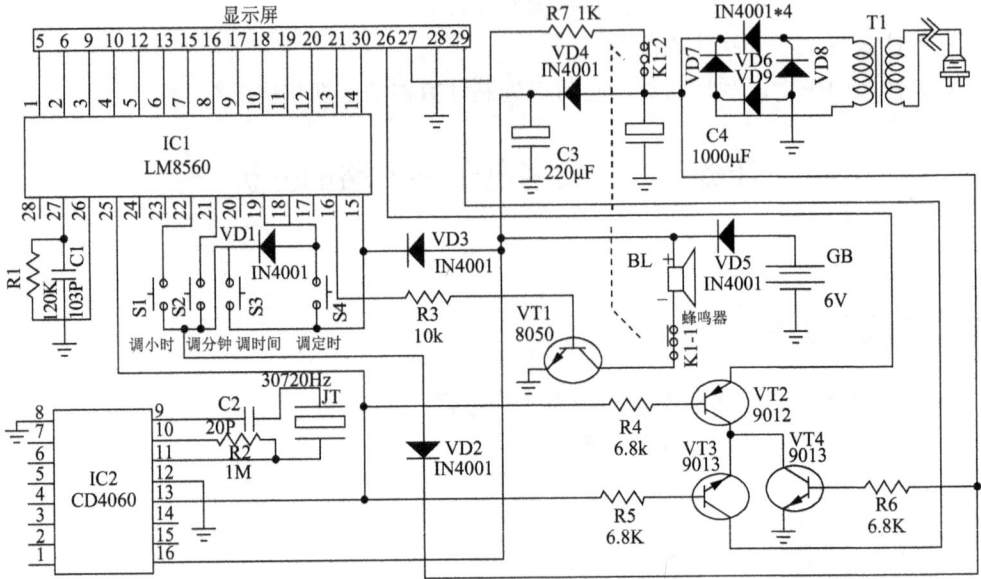

图 6-36　DS-2042 型数字电子钟电路原理图

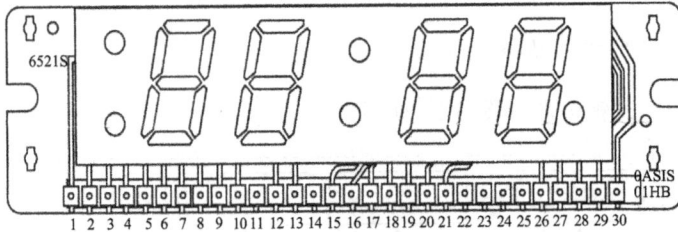

图 6-37　显示屏外形图

6.3.1.2　工作原理

　　LM8560(IC1)是 50/60Hz 的时基 24 小时专用数字钟集成电路,有 28 只管脚,1～14 脚是显示笔画输出,15 脚为正电源端,20 脚为接地端,27 脚是内部振荡器 RC 输入端,16 脚为报警输出。

　　T1 为降压变压器,经桥式整流(VD6～VD9)及滤波(C3、C4)后得到直流电,供主电路和显示屏工作。当交流电源停电时,备用电池通过 VD5 向电路供电。

　　IC2(CD4060)、JT、R2、C2 构成 60Hz 的时基电路,CD4060 内部包含 14 位二分频器和一个振荡器,电路简洁,30720Hz 的信号经 9 级 512 分频器分频后,得到 60Hz 的信号送到 LM8560 的 25 脚,经 LM8560 内部的 60 进制计数器分频得到 1Hz 的秒信号,经 IC1 的 14 脚输出驱动显示屏内的冒号闪动。

　　当调好定时时间,并按下开关 K1(白色钮),显示屏右下方有绿色指示,到定时时间后,驱动信号经 R3 使 VT1 工作,即可定时报警输出。

　　在面板上从左到右,存在五个微动开关,分别是 S₁、S₂、K₁、S₃、S₄,S₁ 调小时,S₂ 调分钟,S_3 调时钟,S_4 调定时,K_1 定时报警开关(即闹铃开关)。

调时钟时,需按下 S_3 的同时按下 S_1,即可调小时数;按下 S_3 的同时按动 S_2 可调分钟数;调定时报警时,需按下 S_4 的同时按下 S_1 即可调闹铃的小时数;按下 S_4 的同时按动 S_2 可调闹铃分钟数。

6.3.2　元器件介绍

6.3.2.1　简介

DS-2042 型数字电子钟属交直流二用机型,直流 6V(4 节 5 号电池)。

DS-2042 型数字电子钟电路,采用一只 PMOS 大规模集成电路 LM8560 和四位 LED 显示屏,通过驱动显示屏便能显示时、分。振荡部分采用石英晶体作时基信号源,从而保证了走时的精度。本电路还供有定时报警功能。它定时调整方便,电路稳定可靠,能耗低。集成电路采用插座插装,制作成功率高,非常适合广大电子爱好者装配使用。

6.3.2.2　相关知识

数字电子钟由主体电路和扩展电路构成,分别完成数字钟的基本功能和扩展功能。

主体电路由石英晶体振荡器、分频器、计数器、译码器、显示器和校时电路等组成,石英晶体振荡器产生的信号经过分频器得到标准的秒脉冲,作为数字钟的时间基准,送入计数器计数,计数结果通过时分秒译码器显示时间,计时出现误差时可通过校时电路调整时钟。

扩展电路在基本电路运行正常后才能进行扩充实现,采用译码器或采用与非门接到分计数器和秒计数器相应输出端,使计数器运行到差十秒整点时,利用分频器输出的信号加到音响电路中,用于模仿电台报时声音。

1) 石英晶体振荡电路

振荡器是石英钟的核心,由 CD4060 集成电路组成,石英晶体振荡器的特点是振荡的频率准确,电路结构简单,频率易于调整,晶体的振荡频率为 30720Hz。引线脚如图 6-38 所示。

CD4060 由一振荡器和 14 级二进制串行计数器组成,振荡器的结构可以是 RC 或晶振电路。CR 为高电平时,计数器清零且振荡器使用无效。所有的计数器均为主从触发器。在 $\overline{CP_1}$(和 $\overline{CP_0}$)的下降沿时计数器以二进制进行计数。在时钟脉冲线上使用施密特触发器对时钟上升和下降时间无限制,CD4060 功能如表 6-12 所示。

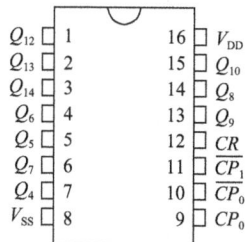

图 6-38　CD4060 引线脚图

表 6-12　CD4060 功能表

输入		功能
$\overline{CP_1}$	CR	
×	1	清除
↓	0	计数
↑	0	保持

2）分频电路

分频器的功能主要有两个：一是产生标准的秒脉冲信号；二是提供功能扩展电路所需要的频率信号。

由于石英晶体振荡器的振荡频率较高，需要使用合适的分频电路以获得 1Hz 的秒脉冲，若晶体的振荡频率为 30720Hz，则可由 14 级 2 分频实现。

3）计数电路

秒脉冲信号经过 14 级计数器，分别得到秒分时的计数位，秒分是 60 进制计数器，小时为 12 进制计数器。

4）译码与显示电路 LM8560

LM8560 引脚图如图 6-39 所示。

LM8560 集成电路内含显示译码驱动电路、12/24 小时选择电路及其他各种设置报警等电路。它具有较宽的工作电压范围（ 7.5～14V）和工作温度范围（－20℃±70℃）。它自身功耗很小，输出能直接驱动发光二极管显示屏。

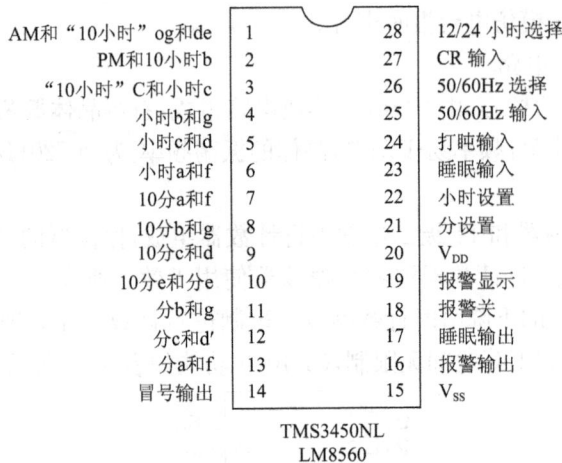

AM和"10小时" og和de	1	28　12/24 小时选择
PM和10小时b	2	27　CR 输入
"10小时" C和小时c	3	26　50/60Hz 选择
小时b和g	4	25　50/60Hz 输入
小时c和d	5	24　打盹输入
小时a和f	6	23　睡眠输入
10分a和f	7	22　小时设置
10分b和g	8	21　分设置
10分c和d	9	20　V_{DD}
10分e和分e	10	19　报警显示
分b和g	11	18　报警关
分c和d′	12	17　睡眠输出
分a和f	13	16　报警输出
冒号输出	14	15　V_{SS}

TMS3450NL
LM8560

图 6-39　LM8560 引脚图

5）校时电路

当数字钟接通电源或者计时出现误差时，需要校正时间，校时是数字钟应具备的基本功能。为使电路简单，只进行时和分的调校，以手动方式产生校时单脉冲。

1. 清点元器件

对照图 6-36 和元器件材料清单表（见表 6-13），清点元器件。

表 6-13   DS-2042 数码电子钟元器件清单

序号	名称	型号规格	位号	数量	序号	名称	型号规格	位号	数量
1	集成电路	LM8560(3450)	IC1	1块	18	电解电容	$220\mu F$	C3	1个
2	集成电路	CD4060	IC2	1块	19	电解电容	$1\,000\mu F$	C4	1个
3	三极管	9012	VT2	1个	20	轻触开关	$6\times6\times17$	S1~4	4个
4	三极管	9013	VT3,4	2个	21	自锁开关	7×7	K1	1个
5	三极管	8050	VT1	1个	22	按键帽			1个
6	二极管	1N4001	D1~9	9个	23	集成插座	28脚		1个
7	显示屏	FTTL-655G	LED	1个	24	集成插座	16脚		1个
8	晶振	30720HZ	JT	1个	25	插头电源线			1根
9	蜂鸣器	$\phi12\times9$	BL	1个	26	排线	$8cm\times18$		1排
10	电源变压器	220V/9V/2W	T	1个	27	连接导线			4根
11	电阻	1kΩ	R_7	1个	28	电池极片	正负连体片		5片
12	电阻	6.8kΩ	R_4、R_5、R_6	3个	29	前、后、电池盖	三件		1套
13	电阻	10kΩ	R_3	1个	30	自攻螺丝	$\phi3\times6mm$		5粒
14	电阻	120kΩ	R_1	1个	31	自攻螺丝	$\phi3\times8mm$		1粒
15	电阻	1MΩ	R_2	1个	32	热缩管	$\phi3\times20mm$		2根
16	瓷片电容	20P	C_2	1个	33	印刷电路板			1块
17	瓷片电容	103	C_1	1个	34	原理图及装配说明			1份

2. 识别与检测元器件

1）识别与检测电阻

从外观识别电阻，用万用表测量本项目所给的电阻并完成表 6-14。

检测要求：①写出色环颜色；②写出标称值；③用万用表实测电阻器；④写出结论并填表。

表 6-14   电阻识别与检测表

编号	色环颜色	标称（阻值）值	测量值	万用表量程	质量判别（好/坏）
R_1					
R_2					
R_3					
R_4					
R_5					
R_6					
R_7					

2）识别与检测电容

从外观识别电容，用万用表检测本项目所给的电容，并完成表 6-15。

表 6-15　电容识别与检测表

编号	电容器类型	标称值	实际代表容量和耐压	万用表量程	质量判别（好/坏）
C_1					
C_2					
C_3					
C_4					

3）二极管的识别和检测

从外观识别二极管，用万用表检测本项目所给的二极管，并完成表 6-16。

表 6-16　二极管的识别与检测表

序号	种类	外形与极性	正向电阻	反向电阻	材料	万用表量程	质量判别（好/坏）
$D_1 \sim D_9$							

4）三极管的识别和检测

从外观识别三极管，用万用表检测本项目所给的三极管，并完成表 6-17。

表 6-17　三极管的识别与检测表

编号	型号	外形与极性	材料	类型	质量判别（好/坏）
VT_1					
VT_2					
VT_3					
VT_4					

5）变压器的检测

（$R \times 100\Omega$ 挡测）初级直流电阻：＿＿＿＿。（$R \times 1\Omega$ 挡测）次级直流电阻：＿＿＿＿。

6）显示屏的检测

（1）将万用电表调到 $R \times 10k$ 电阻挡；

（2）黑表笔接 27 脚、红表笔接 28 脚，j3 亮（功能灯）；黑表笔接 30 脚、红表笔接 29 脚，j2 亮（秒灯）。

（3）按表 6-18 测试显示屏。

表 6-18　显示屏字段（亮、灭）检测表

引脚　　　　　$R \times 10k$ 挡	5	6	9	10	12	13	15	16	17	18	19	20	21	注意
红表笔接 26 脚，黑表笔测														填发光的字段字母代码
红表笔接 29 脚，黑表笔测														

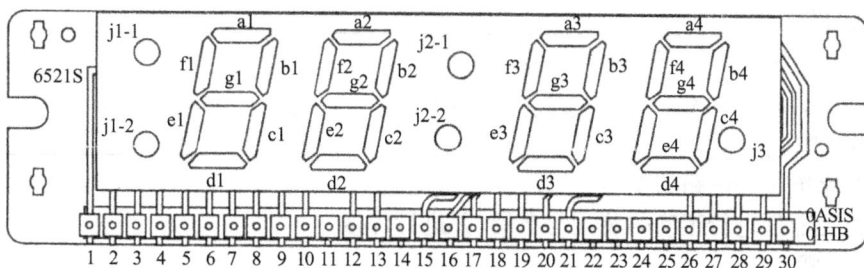

检测的结果：_____（好/坏）。

7）集成电路（IC）的检测

从外观识别集成电路，用万用表检测本项目所给的集成电路，并完成表 6-19～表 6-21。

方法步骤：

（1）判断 LM8560、CD4060 的引脚。

（2）用万用表测量 LM8560、CD4060 的正反向电阻，将测量结果记录于表 6-19～表 6-21 中，并与正常值比较。

表 6-19　集成电路 LM8560 的识别与检测表（一）　　$R \times 1k$ 挡　单位：$k\Omega$

测法 ＼ 脚号	1	2	3	4	5	6	7	8	9	10	11	12	13	14
黑表笔接 20 脚 红表笔测量														
红表笔接 20 脚 黑表笔测量														

表 6-20　集成电路 LM8560 的识别与检测表（二）　　$R \times 1k$ 挡　单位：$k\Omega$

测法 ＼ 脚号	15	16	17	18	19	20	21	22	23	24	25	26	27	28
黑表笔接 20 脚 红表笔测量														
红表笔接 20 脚 黑表笔测量														

表 6-21　集成电路 CD4060 的识别与检测表　　$R \times 1k$ 挡　单位：$k\Omega$

测法 ＼ 脚号	1	2	3	4	5	6	7	8	9	10	11	12	13	14	15	16
黑表笔接 8 脚 红表笔测量																
红表笔接 8 脚 黑表笔测量																

8）其他元件的检测

（1）晶体振荡器 30720Hz 的正向电阻＝_____，反向电阻＝_____（$R \times 10k$ 挡）

检测结果：_____。

（2）开关：S_1，S_2，S_3，S_4，K_1　检测结果：_____。

（3）蜂鸣器 BL：$(R+-)=$_____，$(R-+)=$_____（$R×1k$ 挡）

检测结果：_____。

3. 数字电子钟电路的安装

1）对元器件进行正确的装配与布局，并进行焊接

操作步骤：

① 按工艺要求安装色环电阻。

② 按工艺要求安装二极管。

③ 按工艺要求安装三极管。

④ 按工艺要求安装集成电路 LM8560、CD4060。

⑤ 对安装好的元器件进行手工焊接。

⑥ 检查焊点质量。

2）工艺流程

准备→熟悉工艺要求→核对元器件数量、规格、型号→元件检测→印刷电路板检查→元器件预加工→印刷电路板装配、焊接-总装加工→自检。

3）印刷电路板装配

（1）元件安装顺序。

① 跳线 4 条→电阻→二极管→电容→三极管→ 晶振（JT）→ 按键开关→IC1 、IC2 插座。

② 安装显示屏：注意方向 、与排线安装好后用硅胶封好固定。

③ 其他：电池弹片、蜂鸣器和电池引线、变压器。

（2）装配工艺要求。

① 按照有关技术要求进行元件的安装，所装元件必须做到清晰可辨，元件数值必须符合，面对参考面从下往上读，从左往右，认真辨认集成电路引脚号和缺口标志。

② 在动手焊接前请用万用表将各元件测量检查，做到心中有数，安装时请先安装低矮和耐热的元件（如电阻），然后再装大一点的元件，最后装怕热的元件（如三极管、集成电路等）。

③ 电阻的安装：请将电阻的阻值选择好后，根据两孔的距离采用卧式紧贴电路板安装。

④ 电解电容、二极管、三极管安装时注意极性，电容紧贴电路板卧式安装；二极管紧贴电路板卧式安装；三极管安装时注意型号。

⑤ 轻触开关和自锁开关紧贴电路板安装。

⑥ 排线两端去塑料皮上锡后，一端按电原理图的序号接 LED 的显示屏，另外一端接电路板。

⑦ 蜂鸣器安装时注意接线，在蜂鸣器的两端分别焊接红、黑导线，导线的另一端分别接电路板的 BL＋、BL－。蜂鸣器装在前盖的共振腔座孔中，用胶或电烙铁点一下固定。

⑧ 电路板上还有 4 根跳线，用其他元件剪下的引脚代替。

⑨ 将热缩管套在电源变压器初级线圈的导线上，然后把插头电源线与初级线圈的导线焊在一起，移动热缩管至焊接处，并用电吹风加热，使其收缩，确保使用时的安全。

⑩ 变压器安装在前盖两个高的支座上，用螺钉固定，接入电路时注意分清初、次级。

⑪ 显示屏和电路板分别用四颗自攻螺钉固定，电路板与显示屏之间的排线折成 S

形,防止排线在焊接处折断。

⑫ 电源线卡好后引出壳外,电池弹簧依顺序安好。前盖和后盖对好后扣好,再用自攻螺丝固定即可。

⑬ 所有元件必须牢固地紧贴印刷板上,中间不应有明显地空隙。所有的焊点均采用直脚焊,焊接完成后剪去多余引脚,留头在焊面以上 $0.5 \sim 1 \text{mm}$ 处。

4) 焊接

将安装好元件的线路板进行焊接,焊接时要做到焊点光亮、圆滑。不应有搭焊、虚焊、假焊,焊点大小适中,导线折弯处要加固焊点,连接导线超过焊十个以上的焊孔时,中间要加固定点,两个相邻的焊点中间要有导线,不得直接用焊锡进行连接。

焊接要求如下:

① 跳线用从电阻剪下的引脚代替;

② IC1 、IC2 注意方向(缺口对缺口);

③ 电阻 R1~R7 卧式安装;

④ 电解电容的安装要注意区分正、负极,C4 用卧式,其他采用立式,C5 留高 2mm;

⑤ 连接 E＋和 BL＋用红线;连接 E－和 BL－用黄或黑线。

5) 安装连接显示屏的要求及注意事项

① 把排线两端(中间不能分开)一根一根分开;

② 排线两头剥出 3mm 的线头并分别上焊锡;

③ 显示屏:先接 5、6、9、10、12、13、15、16、17、18、19、20、21、26、27、28、29、30 共 18 个引脚连线;

④ 显示屏:再按顺序焊接显示屏的另一侧排线引脚到电路板上;

⑤ 焊接完毕,检查无误后,在线的两头均匀涂上硅胶。

4. 调试电子数字钟电路

1) 检查与调试

(1) 将已安装好的线路板对照电路原理图进行检查,检查时最好用万用表 $R \times 1$ 挡对所要连接的两点之间进行通断测试,这样可以防止假焊和连接上的错误。检查有无错焊、漏焊,特别是观察电路板上有无短路现象发生,如有故障要一一排除。

(2) 认真对照电路原理图和线路板对集成电路 IC1、IC2 进行安装检查,要注意检查集成电路安装时对应型号、脚号和缺口标志是否正确。

(3) 检查无误后,集成块 IC1、IC2 切记暂时不要插到集成块插座上,先进行通电测量 IC1 的 15 脚及 IC2 的 16 脚电压是否正常(正常电压值为 7~8V)。

(4) 在确认电压正常的情况下,切断电源再把集成块 IC1、IC2 插到对应的集成插座上(务必注意方向,缺口对缺口,不能装反! 否则可能造成集成电路 IC1、IC2 烧坏),然后按工件的电源要求进行通电功能调试。只要焊接正确,通电后即可正常工作;时间显示并闪动,调整后就不闪动了。

(5) 在进行功能调试时,要按照各自的功能要求,对正常显示,快进显示,停止显示进行调试,直到显示完全正确为止。

2) 故障与修理

(1) 在调试过程中若出现差错和故障应冷静分析故障现象,观察故障发生在哪个功能上。

（2）若故障发生在秒显示不正常、分显示不正常、时显示不正常和时分秒均不显示时,应对显示屏和集成电路 IC1、IC2 进行检查,查看焊接处是否有假焊,错焊和漏焊,集成电路是否装错,型号是否用错,集成电路工作电源是否接上。

3) 注意事项

（1）在焊接操作时,不应该把集成电路插在其插座上,以免温度过高而损坏集成电路。

（2）在通电进行调试前,应认真进行检查,确认没有错误时,才能进行通电。

（3）在通电进行调试前,应认真调整工作电源,以免造成集成电路的损坏（尤其是集成块 IC1 LM8560 更容易烧坏）。

（4）电烙铁使用完毕要及时切断电源,待冷却后进行收藏。

思考与练习

（1）检查石英晶体振荡器是否起振,观察波形和频率是否正确,用的仪器为_____。

（2）检查各级分频器输出的频率是否符合要求,用的仪器为_____。

（3）将秒脉冲正常送入各级计数器进行计数,S1 处于_____位置,检查用的仪器为_____。

（4）校时电路的功能满足设计要求的条件为_____。

（5）当分频器和计数器调试正常后,数字电子钟_____（能或不能）准确、正常地工作。

温馨提示：在整个实训过程中,应注意操作安全,以免造成伤重事故。

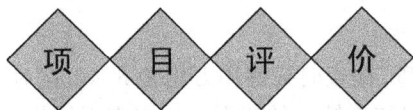

项 目 评 价

表 6-22　项目评价表

评价内容	配分	评分标准	自我评分	小组评分	教师评分
知识内容	10	1. 不能说出数字电子钟电路的组成,酌情扣1~5分; 2. 不能分析数字电子钟电路的工作过程的,扣5分			
选配元器件	20	1. 不能正确识别元器件的,选错一个扣1分; 2. 不能正确检测元器件的,测错一个扣1分			
安装工艺与焊接质量	30	安装工艺与焊接质量不符合要求,每处可酌情扣1~3分,例如: 1. 元器件成形不符合要求; 2. 元器件排列与接线的走向错误或明显不合理; 3. 导线连接质量差,没有紧贴电路板; 4. 焊接质量差,出现虚焊、漏焊、搭锡等			
电路调试	10	1. 电路一次通电调试成功,得满分; 2. 如在通电调试时发现电路安装或接线错误,每处扣3~5分			

续表

评价内容	配分	评分标准	自我评分	小组评分	教师评分
电路检测	20	1. 能正确用万用表测量在路电阻、电压,且记录完整,可得满分; 2. 否则每项酌情扣 2～5 分			
安全、文明操作	10	1. 违反操作规程,产生不安全因素,可酌情扣 7～10 分; 2. 迟到、早退、工作场地不清洁,每次扣 1～2 分			
其他项目		1. 第一个完成电路安装并检测成功的小组,加 3 分; 2. 在完成个人项目前提下,协助老师或帮助其他同学解决问题(安装中的困难)的,经教师确认,加 1～5 分			
合计					
综合评分					

要求:评价要客观公正、全面细致、认真负责。

项　目　总　结　与　汇　报

1. 汇报内容

(1) 画出数字电子钟电路的组成方框图,并作功能分析。

(2) 针对实训内容,总结集成块 LM8560、CD4060、计数显示电路的使用。

(3) 演示制作的项目作品。

(4) 讲解项目电路的组成及工作原理。

(5) 与大家分享制作、调试中遇到的问题及解决的方法。

2. 汇报要求

(1) 演示作品时要边演示边讲解电路的组成及原理。

(2) 要重点讲解制作、调试中遇到的问题及解决的方法。

项目 7 叮咚门铃电路的制作

555 定时器成本低,性能可靠,只需要外接几个电阻、电容,就可以实现多谐振荡器、单稳态触发器及施密特触发器等脉冲产生与变换电路。它常作为定时器广泛应用于仪器仪表、家用电器、电子测量及自动控制等方面。本项目要求制作用 555 定时器组成的叮咚门铃电路。

项 目 目 标

知识目标

- 掌握 555 定时器逻辑功能、管脚功能;
- 理解 555 定时器的工作原理;
- 理解多谐振荡器、单稳态触发器、施密特触发器的概念和特点;
- 理解叮咚门铃电路的工作过程。

技能目标

- 能认识项目中各元器件的符号及识别和检测选用元器件;
- 能制作和调试叮咚门铃电路。

◇项◇目◇准◇备◇

任务 7.1　555 定时器的分析与测试

任 务 目 标

1. 掌握 555 定时器的结构框图和工作原理；
2. 熟悉 555 定时器的应用电路；
3. 掌握 555 定时器应用电路的设计方法。

任 务 要 求

用实验室提供的仪器设备和元件，按任务实施步骤测试 555 时基电路。

知 识 解 析

555 定时器是一种多用途的集成电路。该电路使用灵活、方便，只需外接少量的阻容元件就可以构成单稳、多谐和施密特触发器。因而在波形的产生与变换、测量与控制、家用电器和电子玩具等许多领域中都得到了广泛的应用。

目前生产的定时器有双极型和 CMOS 两种类型，其常见型号有 NE555（或 5G555）和 C7555 等多种。通常，双极型产品型号最后的三位数码都是 555，CMOS 产品型号的最后四位数码都是 7555，它们的结构、工作原理以及外部引脚排列基本相同。

7.1.1　555 定时器外观及内部结构

7.1.1.1　555 定时器外形图及电路符号

见图 7-1。

7.1.1.2　555 定时器的内部结构

见图 7-2。

1) 555 定时器

555 定时器由以下几部分组成：

(1) 三个 5k 电阻组成的分压器。

(2) 两个电压比较器 C_1 和 C_2。

（3）基本 RS 触发器。

（4）放电三极管 T 及缓冲器 G。

(a) 555 定时器的外形图

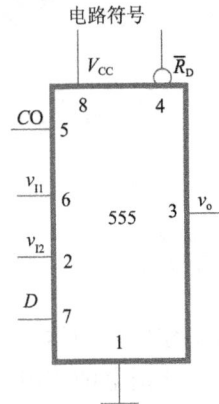

(b) 555 定时器的电路符号

图 7-1　555 定时器外形图及电路符号

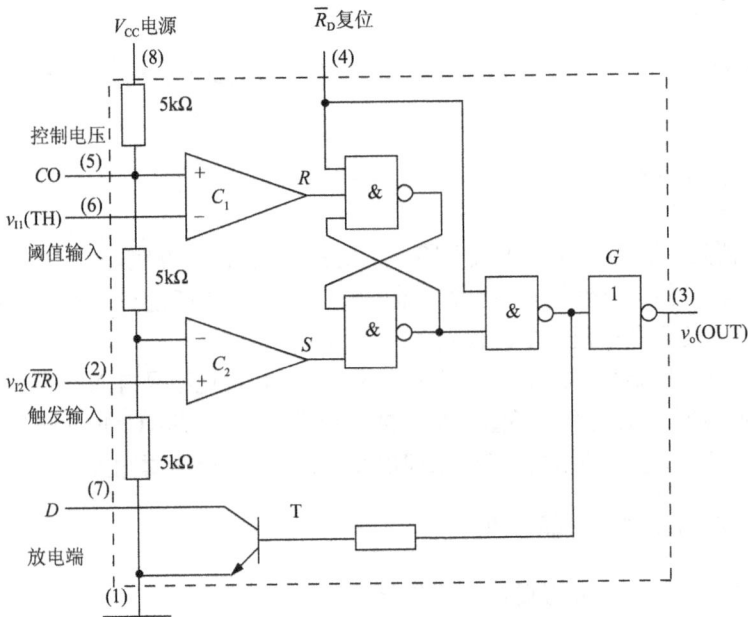

图 7-2　555 定时器的内部结构图

2）工作原理

（1）4 脚为复位输入端（$\overline{R}_D$），当 $\overline{R}_D$ 为低电平时，不管其他输入端的状态如何，输出 ν_o 为低电平。正常工作时，应将其接高电平。

（2）5 脚为电压控制端，当其悬空时，比较器 C_1 和 C_2 的比较电压分别为 $2/3V_{CC}$ 和 $1/3V_{CC}$。

（3）2 脚为低触发输入端，6 脚为高触发输入端，两端的电位高低控制比较器 C_1 和 C_2 的输出，从而控制 RS 触发器，决定输出状态。

7.1.2　555 定时器的功能

555 定时器的功能见表 7-1。

表 7-1　555 定时器功能表

高触发输入	低触发输入	复位	输出
ν_{I1}	ν_{I2}	$\overline{R}_D$	ν_o
$\times$	$\times$	0	0
$<2/3V_{CC}$	$<1/3V_{CC}$	1	1
$>2/3V_{CC}$	$>1/3V_{CC}$	1	0
$<2/3V_{CC}$	$>1/3V_{CC}$	1	不变

7.1.3　555 定时器构成多谐振荡器

多谐振荡器是一种自激振荡电路,不需要外加输入信号,就可以自动地产生矩形脉冲。多谐振荡器可以由 555 定时器构成。

7.1.3.1　电路组成

555 定时器构成的多谐振荡器如图 7-3(a)所示。

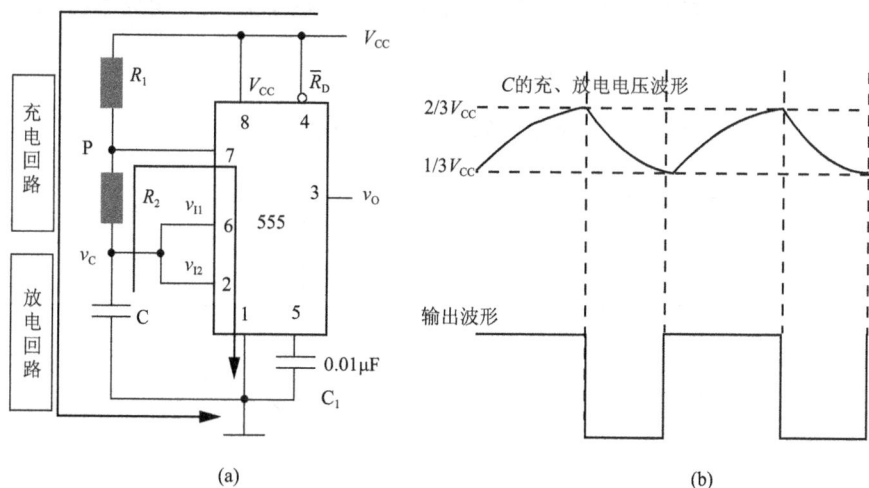

图 7-3　555 定时器构成多谐振荡器原理图

7.1.3.2　工作原理

接通 V_{CC} 后,V_{CC} 经 R_1 和 R_2 对 C 充电。当 ν_c 上升到 $2/3\,V_{CC}$ 时,$\nu_o=0$,T 导通,C 通过 R_2 和 T 放电,ν_c 下降。当 ν_c 下降到 $1/3V_{CC}$ 时,ν_o 又由 0 变为 1,T 截止,V_{CC} 又经 R_1 和 R_2 对 C 充电。如此重复上述过程,在输出端 ν_o 产生了连续的矩形脉冲,其波形如图 7-3(b)所示。

7.1.3.3　振荡频率的估算

（1）电容充电时间 T_1

$$T_1 = 0.7(R_1 + R_2)C$$

（2）电容放电时间 T_2

$$T_2 = 0.7R_2C$$

（3）电路振荡周期 T

$$T = T_1 + T_2 = 0.7(R_1 + 2R_2)C$$

（4）电路振荡频率 f

$$f = \frac{1}{T} \approx \frac{1.43}{(R_1 + 2R_2)C}$$

（5）输出波形占空比 q

$$q = \frac{T_1}{T} \approx \frac{R_1 + R_2}{R_1 + 2R_2}$$

7.1.4　555定时器构成单稳态触发器

单稳态触发器具有下列特点：第一，它有一个稳定状态和一个暂稳状态；第二，在外来触发脉冲作用下，能够由稳定状态翻转到暂稳状态；第三，暂稳状态维持一段时间后，将自动返回到稳定状态。暂稳态时间的长短，与触发脉冲无关，仅决定于电路本身的参数。

7.1.4.1　电路组成及工作原理

用555定时器构成的单稳态触发器如图7-4(a)所示。

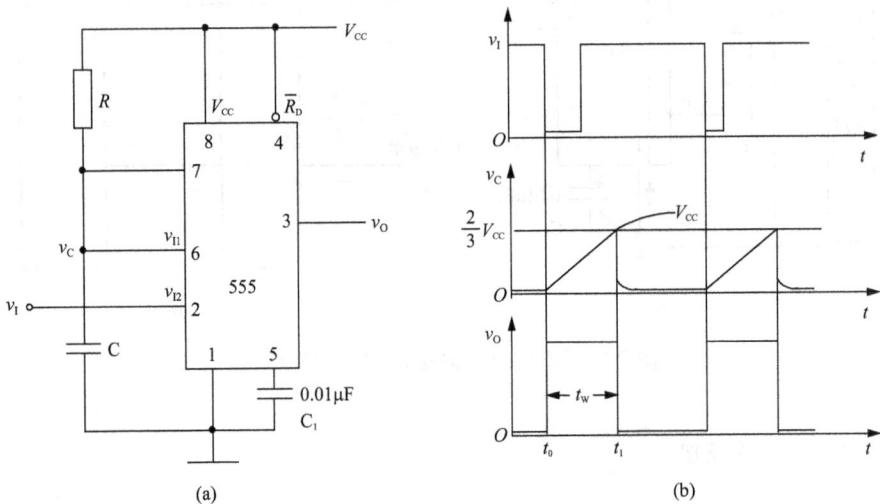

图 7-4　用555定时器构成的单稳态触发器及工作波形

1）无触发信号输入时电路工作在稳定状态

当电路无触发信号时，v_I保持高电平，电路工作在稳定状态，即输出端 v_o 保持低电平，

555 内放电三极管 T 饱和导通,管脚 7"接地",电容电压 ν_c 为 0V。

2）ν_I 下降沿触发

当 ν_I 下降沿到达时,555 触发输入端（2 脚）由高电平跳变为低电平,电路被触发,ν_o 由低电平跳变为高电平,电路由稳态转入暂稳态。

3）暂稳态的维持时间

在暂稳态期间,555 内放电三极管 T 截止,V_{CC} 经 R 向 C 充电。其充电回路为 $V_{CC} \rightarrow R \rightarrow C \rightarrow$ 地,时间常数 $\tau_1 = RC$,电容电压 ν_c 由 0V 开始增大,在电容电压 ν_c 上升到阈值电压 $\frac{2}{3}V_{cc}$ 之前,电路将保持暂稳态不变。

4）自动返回（暂稳态结束）时间

当 ν_c 上升至阈值电压 $\frac{2}{3}V_{cc}$ 时,输出电压 ν_o 由高电平跳变为低电平,555 内放电三极管 T 由截止转为饱和导通,管脚 7"接地",电容 C 经放电三极管对地迅速放电,电压 ν_c 由 $\frac{2}{3}V_{cc}$ 迅速降至 0V（放电三极管的饱和压降）,电路由暂稳态重新转入稳态。

5）恢复过程

当暂稳态结束后,电容 C 通过饱和导通的三极管 T 放电,时间常数 $\tau_2 = R_{CES}C$,式中,R_{CES} 是 T 的饱和导通电阻,其阻值非常小,因此 τ_2 的值也非常小。经过 $(3\sim5)\tau_2$ 后,电容 C 放电完毕,恢复过程结束。

恢复过程结束后,电路返回到稳定状态,单稳态触发器又可以接收新的触发信号,单稳态触发器的工作波形如图 7-4(b) 所示。

7.1.4.2 主要参数估算

1）输出脉冲宽度 t_W

$$t_W = 1.1RC$$

上式说明,单稳态触发器输出脉冲宽度 t_W 仅决定于定时元件 R、C 的取值,与输入触发信号和电源电压无关,调节 R、C 的取值,即可方便的调节 t_W。

2）恢复时间 t_{re}

一般取 $t_{re} = (3\sim5)\tau_2$,即认为经过 3~5 倍的时间常数电容就放电完毕。

3）最高工作频率 f_{max}

单稳态触发器的最高工作频率应为

$$f_{max} = \frac{1}{T_{min}} = \frac{1}{t_W + t_{re}}$$

7.1.5 555 定时器构成施密特触发器

施密特触发器具有回差电压特性,能将边沿变化缓慢的电压波形整形为边沿陡峭的矩形脉冲。

7.1.5.1 电路组成及工作原理

555 定时器构成的施密特触发器如图 7-5(a)所示。

(1) $\nu_I = 0V$ 时，v_{o1} 输出高电平。

(2) 当 ν_I 上升到 $\frac{2}{3}V_{cc}$ 时，ν_{o1} 输出低电平。当 ν_I 由 $\frac{2}{3}V_{cc}$ 继续上升，ν_{o1} 保持不变。

(3) 当 ν_I 下降到 $\frac{1}{3}V_{cc}$ 时，电路输出跳变为高电平。而且在 ν_I 继续下降到 0V 时，电路的这种状态不变。施密特触发器的工作波形如图 7-5(b)所示。

图中，R、V_{CC2} 构成另一输出端 ν_{o2}，其高电平可以通过改变 V_{CC2} 进行调节。

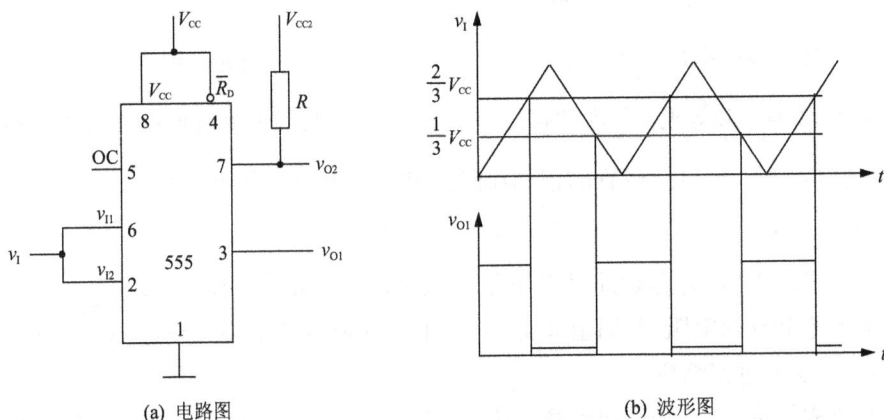

(a) 电路图　　　　(b) 波形图

图 7-5　555 定时器构成的施密特触发器

7.1.5.2 电压滞回特性和主要参数

1) 电压滞回特性

施密特触发器属于电平触发。对于正向增加和减少的输入信号，电路有不同的阀值电压 U_{T+} 和 U_{T-}，也就是引起输出电平两次翻转（1→0 和 0→1）的输入电压不同，此特性称为电压滞回特性，如图 7-6 所示。

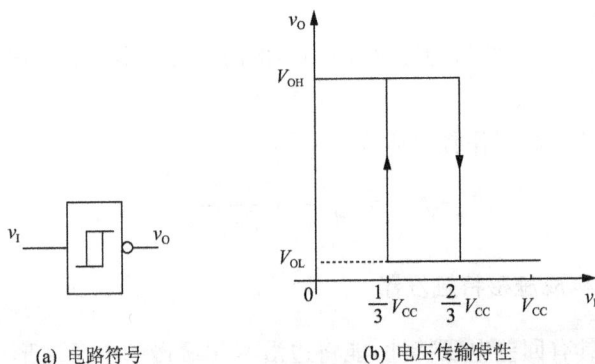

(a) 电路符号　　　　(b) 电压传输特性

图 7-6　施密特触发器的电路符号和电压传输特性

2) 主要静态参数

(1) 上限阈值电压 V_{T+}——ν_I 上升过程中,输出电压 ν_o 由高电平 V_{OH} 跳变到低电平 V_{OL} 时,所对应的输入电压值。$V_{T+}=\dfrac{2}{3}V_{cc}$。

(2) 下限阈值电压 V_{T-}——ν_I 下降过程中,ν_o 由低电平 V_{OL} 跳变到高电平 V_{OH} 时,所对应的输入电压值。$V_{T-}=\dfrac{1}{3}V_{cc}$。

(3) 回差电压 ΔV_T

回差电压又叫滞回电压,定义为

$$\Delta V_T=V_{T+}-V_{T-}=\dfrac{1}{3}V_{cc}$$

若在电压控制端 OC(5 脚)外加电压 V_S,则将有 $V_{T+}=V_S$、$V_{T-}=V_S/2$、$\Delta V_T=V_S/2$,而且当改变 V_S 时,它们的值也随之改变。

🔵 任 务 实 施

1. 用 555 定时器组成多谐振荡器的测试

(1) 对照图 7-7 检查实验电路板,看板上的元件有无脱落及损坏现象,检查正常后接通电路电源电压 V_{DD}。

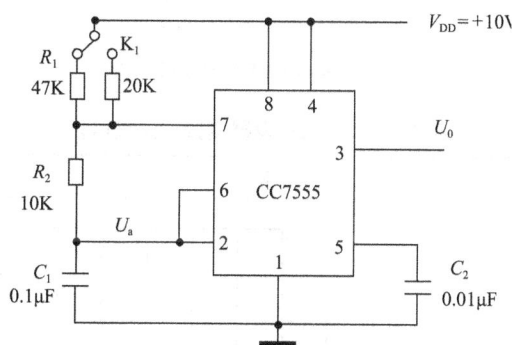

图 7-7　多谐振荡器实验电路

(2) 按表 7-2 的要求测试,用示波器观察 Ua、Uo 的电压波形,同时用频率计测出其频率,将波形和频率值记录在表 7-2 中。

表 7-2　多谐振荡器的测试

R_1/kΩ	U_a(电压波形)	U_O(电压波形)	f_O/Hz
47(K$_1$ 拨向左边)			
20(K$_1$ 拨向右边)			

从表 7-2 可看出:输出信号 U_O 的频率可通过改变_____来调节,增大_____则

频率_____。

2. 用 555 定时器组成单稳态触发器的测试

(1) 按图 7-8 连接仪器的测试线,然后在输入端输入 U_i 为 $f \approx 5\text{kHz}, t_{\text{WL}} \approx 20\mu\text{s}$,幅度为 $5V_{\text{pp}}$的脉冲信号,此信号作为单稳态触发器的触发脉冲,从 CC7555 的触发输入端"2"端输入。

(2) K2 拨向右边,用示波器观察并记录 U_i、U_C、U_O 的波形于表 7-3 中,并测出和记录输出脉冲的宽度。

(3) K2 拨向左边,按表 7-4 给出的另一组 R、C 数值重复步骤(2)

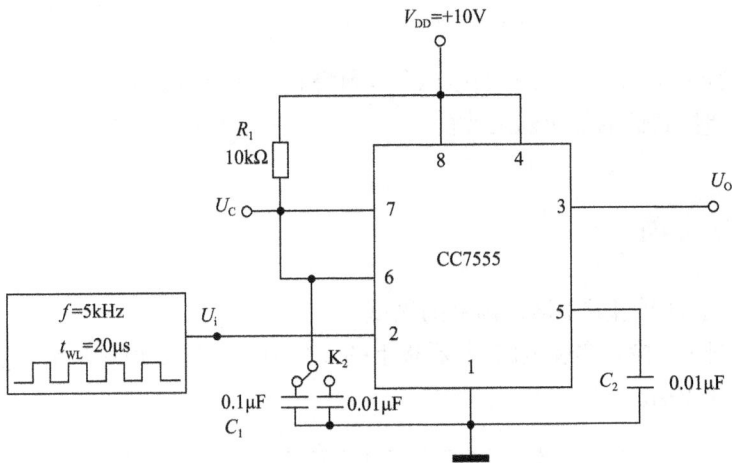

图 7-8　单稳态触发器实验电路

表 7-3　单稳态触发器测试记录表(1)

参数	$R=10\text{k}\Omega$　　　　　　$C=0.01\mu\text{F}$
U_i	
U_C	$t_{\text{p0}}=$

续表

参数	$R=10\text{k}\Omega$	$C=0.1\mu\text{F}$
U_i		
U_o		$t_{p0}=$

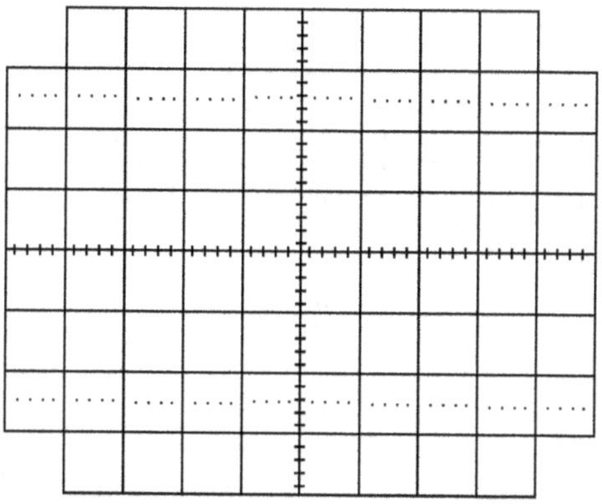

表 7-4　单稳态触发器测试记录表(2)

参数	$R=10\text{k}\Omega$	$C=0.1\mu\text{F}$
U_i		
U_c		$t_{p0}=$
U_i		
U_o		$t_{p0}=$

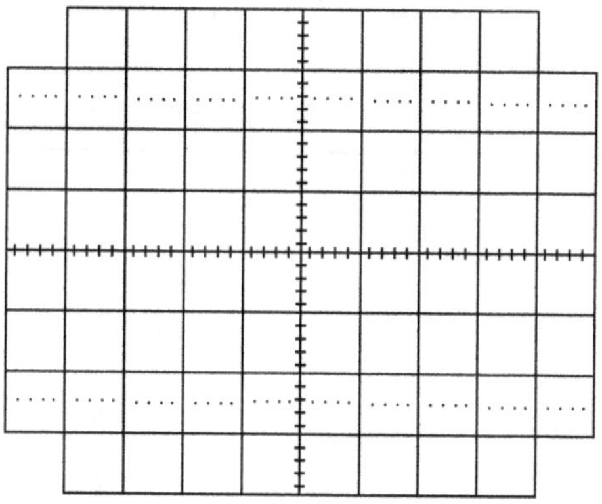

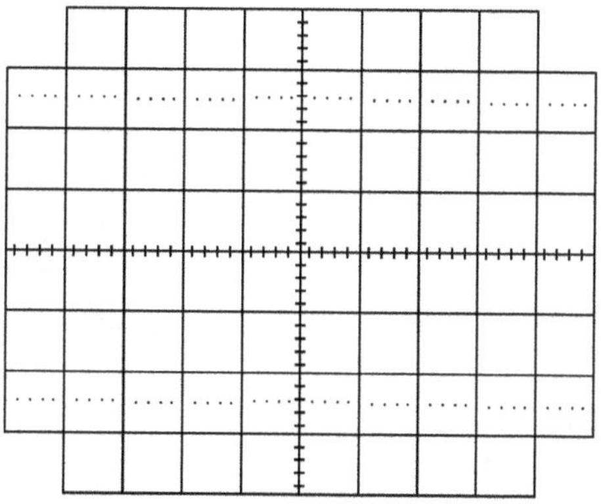

3. 用 555 定时器组成施密特整形电路的测试

(1) 按图 7-9 连接仪器的测试线。

(2) K_3 拨向左边,用示波器观察和测量 U_i、U_o 的波形。记录于表 7-5 中。

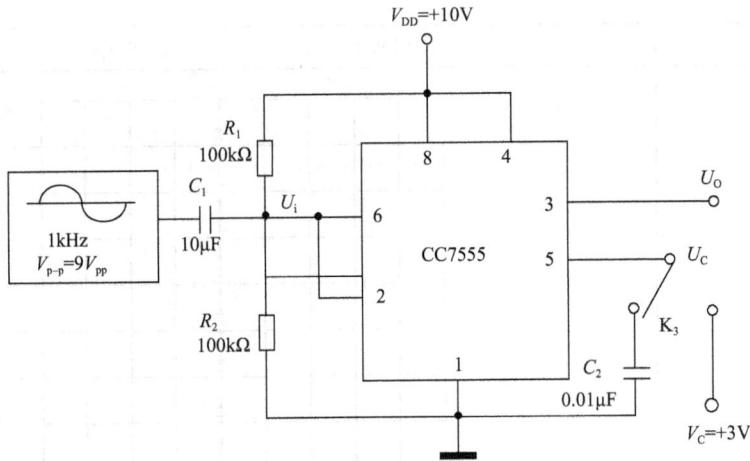

图 7-9　施密特整形电路

（3）外加控制电压端先不加外加电压，测出滞后电压值；然后加 3V 控制电压（即把 K_3 拨向右边），观测 U_i、U_o 波形，测出滞后电压值。将测试结果记录于表 7-5 中。波形图需标出零电平参考线。

表 7-5　施密特整形电路测试记录

控制端 V_C	输入输出波形
U_C端接 $0.01\mu F$ 电容（K_3 拨向左边）	$V_{T+}=$　$V_{T-}=$　$\Delta V_T=$
$U_C=+3V$（K_3 拨向右边）	$V_{T+}=$　$V_{T-}=$　$\Delta V_T=$

思考与练习

1. 填空题

（1）555 定时器有双极型和 CMOS 两种类型，通常，_____产品型号最后的三位数码都是 555，_____产品型号的最后四位数码都是 7555。

（2）多谐振荡器是一种自激振荡电路，可以自动地产生出_____脉冲。

（3）单稳态触发器具有_____个稳定状态和_____个暂稳状态。

（4）施密特触发器具有_____特性，能将边沿变化缓慢的电压波形整形为边沿陡峭的_____脉冲。

（5）在施密特电路、单稳态电路和多谐振荡器三种电路中，没有稳态的电路是_____，有一个稳态的电路是_____，有两个稳态的电路是_____，工作过程中不需要外触发信号的电路是_____。

2. 判断题

（1）在实际应用中，555 定时器的 4 号引脚都是直接接地。　　　　　　（　　）

（2）施密特触发器可用于将三角波变换成正弦波。　　　　　　　　　　（　　）

（3）多谐振荡器的输出信号的周期与阻容元件的参数成正比。　　　　　（　　）

（4）单稳态触发器的暂稳态时间与输入触发脉冲宽度成正比。　　　　　（　　）

（5）用 555 定时器组成施密特触发器，当输入控制端 CO 外接 10V 电压时，回差电压为 5V。　　　　　　　　　　　　　　　　　　　　　　　　　　　　　　（　　）

（6）555 定时器属于组合逻辑电路。　　　　　　　　　　　　　　　　　（　　）

（7）多谐振荡器可产生正弦波。　　　　　　　　　　　　　　　　　　　（　　）

（8）单稳态触发器可以产生脉冲定时。　　　　　　　　　　　　　　　　（　　）

3. 选择题

（1）多谐振荡器可产生（　　）。

　　A. 正弦波　　　　　　B. 矩形脉冲　　　　C. 三角波　　　　　　D. 锯齿波

（2）脉冲整形电路有（　　）。

　　A. 多谐振荡器　　　　　　　　　　　B. 单稳态触发器

　　C. 施密特触发器　　　　　　　　　　D. 555 定时器

（3）TTL 定时器型号的最后几位数字为（　　）。

　　A. 555　　　　　　B. 556　　　　　　C. 7555　　　　　　D. 7556

（4）555 定时器可以组成（　　）。

　　A. 多谐振荡器　　　　　　　　　　　B. 单稳态触发器

　　C. 施密特触发器　　　　　　　　　　D. JK 触发器

（5）555 定时器 $\overline{R}_D$ 端不用时，应当（　　）。

　　A. 接高电平　　　　　　　　　　　　B. 接低电平

　　C. 通过电容接地　　　　　　　　　　D. 通过电阻接地

(6) 把 50Hz 的正弦波变成周期性的矩形波,应当选用(　　　)。

　　A. 多谐振荡器　　　　　　　　　　B. 单稳态触发器

　　C. 施密特触发器　　　　　　　　　D. 译码器

(7) 单稳态触发器的主要用途是(　　　)。

　　A. 整形、延时、鉴幅　　　　　　　B. 延时、定时、存储

　　C. 延时、定时、整形　　　　　　　D. 整形、鉴幅、定时

(8) 将三角波变换为矩形波,需选用(　　　)。

　　A. 单稳态触发器　　　　　　　　　B. 施密特触发器

　　C. 多谐振荡器　　　　　　　　　　D. 双稳态触发器

(9) 滞后性是(　　　)的基本特性。

　　A. 多谐振荡器　　　　　　　　　　B. 施密特触发器

　　C. T 触发器　　　　　　　　　　　D. 单稳态触发器

(10) 能自动产生矩形波脉冲信号的电路为(　　　)。

　　A. 施密特触发器　　　　　　　　　B. 单稳态触发器

　　C. T 触发器　　　　　　　　　　　D. 多谐振荡器

(11) 由 CMOS 门电路构成的单稳态电路的暂稳态时间 t_w 为(　　　)。

　　A. $0.7RC$　　　　　　　　　　　B. RC

　　C. $1.1RC$　　　　　　　　　　　D. $2RC$

(12) 由 555 定时器构成的单稳态触发器,其输出脉冲宽度取决于(　　　)。

　　A. 电源电压　　　　　　　　　　　B. 触发信号幅度

　　C. 触发信号宽度　　　　　　　　　D. 外接 R、C 的数值

4. 综合题

1) 用集成定时器 555 所构成的施密特触发器电路及输入波形 v_I 如图 7-10 所示,试画出对应的输出波形 v_o。

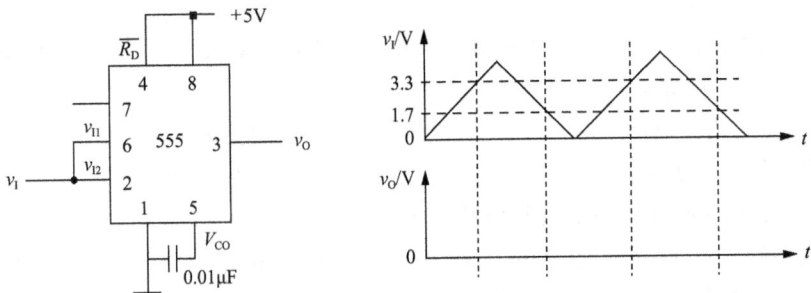

图 7-10　综合题 1)配图

2) 分析图 7-11 电路并回答问题:

(1) 该电路为单稳态触发器还是无稳态触发器?

(2) 当 $R=1k$、$C=20\mu F$ 时,请计算电路的相关参数。

(对单稳态触发器而言计算脉宽,对无稳态触发器而言计算周期)

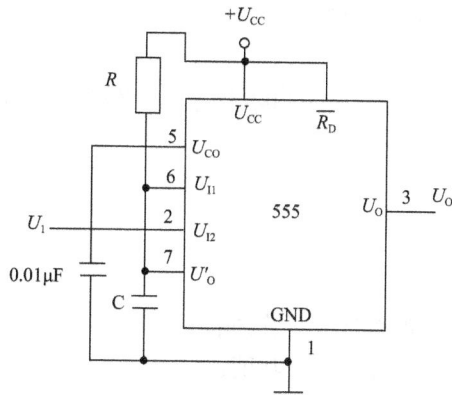

图 7-11　综合题 2)配图

3) 由集成定时器 7555 构成的电路如图 7-12 所示,请回答下列问题。

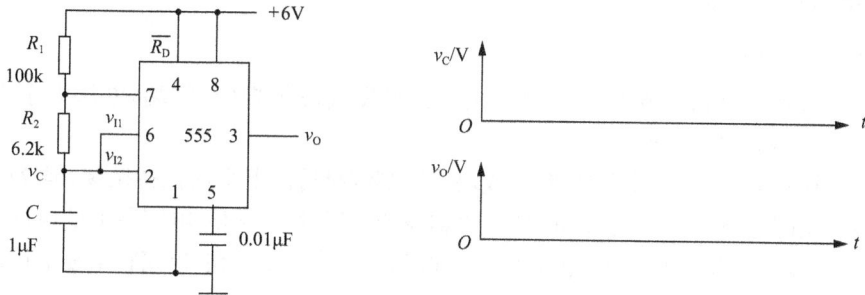

图 7-12　综合题 3)配图

(1) 构成电路的名称;

(2) 画出电路中 ν_C、ν_o 的波形(标明各波形电压幅度,ν_o 波形周期)。

4) 如图 7-13 所示是一个由 555 定时器构成的防盗报警电路,a、b 两端被一细铜丝接通,此铜丝置于盗窃者必经之路,当盗窃者闯入室内将铜丝碰断后,扬声器即发出报警声。

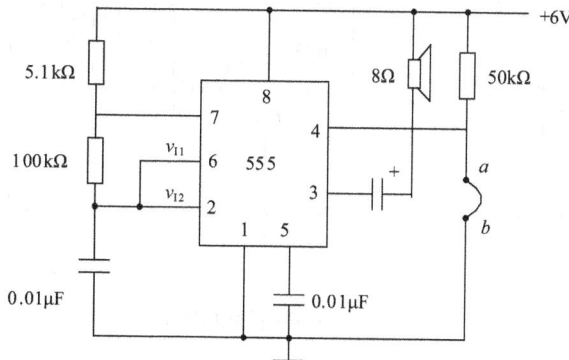

图 7-13　综合题 4)配图

(1) 试问 555 接成何种电路?

（2）说明本报警电路的工作原理。

任务 7.2　叮咚门铃电路的分析

任 务 目 标

1. 能分析叮咚门铃电路的组成及工作过程。
2. 能了解叮咚门铃电路主要元器件功能。

知 识 解 析

7.2.1　电路及工作原理

电路工作原理：

当按下按钮 S_1 后，电源经 D_1 对 C_1 充电。当集成块④脚（复位端）电压大于 1V 时，电路振荡，扬声器中发出"叮"声。

松开按钮 S_1，C_1 经 R_4 放电，此时集成块④脚继续维持高电平而保持振荡，但这时因 R_1 电阻也接入振荡电路，振荡频率变低，使扬声器发出"咚"声。当 C_1 电容器上的电能释放一定时间后，④脚电压低于 1V，此时电路将停止振荡。再按一次按钮，电路将重复上述过程。

叮咚门铃电路如图 7-14 所示。

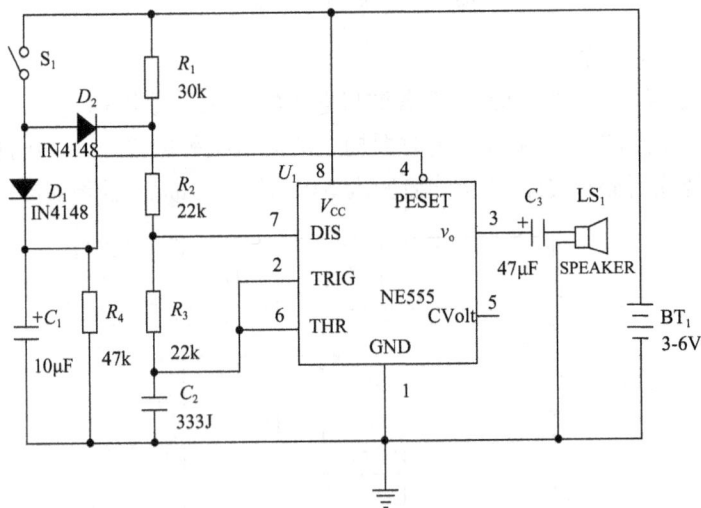

图 7-14　叮咚门铃电路图

7.2.2　主要元器件功能

定时器 555 和外接元件 R_1、R_2、R_3、C_2 等组成了一个多谐振荡器。

R_4:给 C_1 充放电;

C_1:充放电控制 NE555 4 端口的控制电压,来控制扬声器的工作;

C_2:充放电来控制 NE555 的输入电压,使其发出脉冲波;

S_1:开关按钮,控制"叮咚"声的开始;

扬声器:使其发出叮咚的声音。

项 目 实 施

1. 清点元器件

对照图 7-14 所示的叮咚门铃电路图和元器件材料清单表(见表 7-6),清点元器件。

表 7-6 元器件清单

序号	元器件编号	元器件名称	型号或标称值	数量
1	IC	集成电路	NE555	1
2	$D_1 \sim D_2$	二极管	1N4148	2
3	R_1	电阻	30kΩ	1
4	R_2、R_3	电阻	22kΩ	2
5	R_4	电阻	47kΩ	1
6	C_1	电解电容	10μF	1
7	C_2	电容	333	1
8	C_3	电解电容	47μF	1
9	S_1	按钮开关		1
10	LS_1	扬声器		1
11		PCB 板		1块
12		焊锡丝		若干
13		焊接用细导线		若干

2. 识别与检测元器件

1)识别与检测电阻

从外观识别电阻,用万用表测量本项目所给的电阻并完成表 7-7。

表 7-7 电阻识别与检测表

电阻编号	色环颜色	标称值	测量值	万用表量程	质量判别(好/坏)
R_1					
R_2					
R_3					
R_4					

2）识别与检测电容

从外观识别电容，用万用表检测本项目所给的电容，并完成表 7-8。

表 7-8　电容识别与检测表

电容编号	种类	标称值	实际代表容量和耐压	万用表量程	质量判别(好/坏)
C_1					
C_2					
C_3					

3）识别与检测 555 集成电路

从外观识别集成电路，用万用表检测本项目所给的集成电路(555)，并完成表 7-9。

方法步骤：

（1）判断 555 集成电路的引脚；

（2）用万用表测量 555 集成电路的正反向电阻，将测量结果记录于表 7-9 中，并与正常值比较。

表 7-9　集成电路的识别与检测表

引脚号	①	②	③	④	⑤	⑥	⑦	⑧
红表笔接地,黑表笔测								
黑表笔接地,红表笔测								

4）二极管的识别与检测

从外观识别二极管，用万用表检测本项目所给的二极管，并完成表 7-10。

表 7-10　二极管的识别与检测表

二极管编号	种类	型号	正向电阻	反向电阻	材料	万用表量程	质量判别

5）扬声器的识别与检测

从外观识别扬声器，用万用表检测本项目所给的扬声器，并完成表 7-11。

表 7-11　扬声器的识别与检测表

编号	型号	万用表量程	质量判别

3. 叮咚门铃电路的安装

对元器件进行正确的装配与布局，并进行焊接。

操作步骤：

① 按工艺要求安装色环电阻。

② 按工艺要求安装二极管。

③ 按工艺要求安装电容。

④ 按工艺要求安装 555 集成电路。

⑤ 对安装好的元器件进行手工焊接。

⑥ 检查焊点质量。

4. 叮咚门铃电路的调试

(1) 接通电源($V_{CC}=+5V$)，按下 S_1 按钮，试听扬声器是否发声，若不发声，设法查找并排除故障。

(2) 检查扬声器是否正常。

(3) 检查集成块及外围是否正常；先检查集成块外围元器件是否安装错误，元器件参数是否正常，集成块是否损坏。

(4) 当扬声器发出的"叮咚"声不逼真；可按以下方法进行调试：改变 R_4、C_1 的参数，可改变"叮咚"声响的"渐变"时间，改变 R_2、R_3、C_2 的参数，可改变"叮"声的声调，改变 R_1、R_2、R_3、C_2 的参数，可改变"咚"声的声调，调试到使扬声器发出清脆的"叮咚"声。

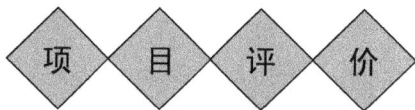

◇ 项 ◇ 目 ◇ 评 ◇ 价

项目评价见表 7-12。

表 7-12　项目评价表

项目	内容	配分	考核要求	扣分标准	得分
实训态度	1. 实训的积极性 2. 安全操作规程的遵守情况 3. 纪律遵守情况	20 分	积极参加实训，遵守安全操作规程和劳动纪律，有良好的职业道德和敬业精神	违反安全操作规程扣 20 分，其余不达要求酌情扣分	
元器件的识别	用万用表检测元件的质量	10 分	能正确识别和检测所使用的元器件	检测不正确每处扣 2 分	
电路的制作	1. 安装图的绘制 2. 电路的安装	20 分	电路装接正确，且符合工艺要求	电路装接不规范，每处扣 1 分，电路接错扣 5 分	
电路的调试	按如上所述步骤对电路进行调试	20 分	正确使用仪器、仪表，能查找并排除电路的故障，使电路正常工作	不能排除故障，每处扣 5 分	
电路故障分析	按不同情况分析故障现象	20 分	能分析出电路故障产生的原因	分析不正确，每处扣 5 分	
汇报与总结	1. 讲解项目电路的组成及工作原理。 2. 分享制作、调试中遇到的问题及解决的方法	10 分	能讲解项目电路的组成及工作原理； 能分享制作、调试中遇到的问题	电路讲解错误扣 5 分，分享不达要求酌情扣分	
合计		100 分			

◇ 项 ◇ 目 ◇ 总 ◇ 结 ◇ 与 ◇ 汇 ◇ 报 ◇

1. 汇报内容

(1) 演示制作的项目作品。

(2) 讲解项目电路的组成及工作原理。

(3) 与大家分享制作、调试中遇到的问题及解决的方法。

2. 汇报要求

(1) 演示作品时要边演示边讲解电路的组成及原理。

(2) 要重点讲解制作、调试中遇到的问题及解决的方法。

项目 8　数字万用表的制作

项　目　描　述

在很多现代电子产品、电气设备的运用、检测、控制系统中,模拟量与数字量之间的相互转换应用非常广泛,如电压、电流、压力、流量、温度、速度、位移等经传感器产生的模拟信号,必须经过转换成数字信号后才能送入计算机处理,形成数字信号后又须转换为模拟量才能实现对执行电路或机构进行控制。本项目以三位半数字万用表的制作为例,介绍 A/D 转换器(模/数转换器)和 D/A 转换器(数/模转换器)的基本工作原理及其应用电路。

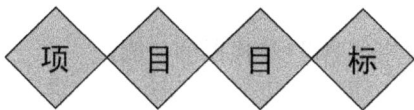

项　目　目　标

知识目标

- 了解 A/D 转换、D/A 转换电路的基本概念和功能;
- 了解 A/D 转换器、D/A 转换器的工作原理;
- 了解典型集成 A/D、D/A 转换电路内部结构、引脚功能和应用方法。

技能目标

- 能对 A/D、D/A 转换典型芯片进行功能测试;
- 能分析三位半数字万用表电路的组成和工作原理,并完成制作。

◇ 项 ◇ 目 ◇ 准 ◇ 备 ◇

任务 8.1　A/D 转换器的分析与测试

○ 任 ○ 务 ○ 目 ○ 标 ○

1. 掌握 A/D 转换器的基本概念、功能和工作原理；
2. 掌握逐次逼近式 A/D 转换器的工作原理与方框图；
3. 了解 A/D 转换器的主要参数和 ADC0809 的内部结构与引脚功能；
4. 能对 A/D 转换典型芯片 ADC0809 进行功能测试。

○ 任 ○ 务 ○ 要 ○ 求 ○

用实验室提供的数字逻辑实验箱，按任务实施步骤测试 A/D 转换器的功能。

○ 知 ○ 识 ○ 解 ○ 析 ○

8.1.1　A/D 转换的基本原理

8.1.1.1　A/D 转换器的种类

根据 A/D 转换器的工作方式，可将其分为比较式和积分式两大类。比较式 A/D 转换器的工作过程是将被转换的模拟量与转换器内部产生的基准电压逐次进行比较，从而将模拟信号转换成数字量；积分式 A/D 转换器是将被转换的模拟量进行积分，转换成中间变量，然后再将中间变量转换成数字量。目前广泛应用的 A/D 转换器有比较型逐次逼近式 A/D 转换器和双积分 A/D 转换器。

8.1.1.2　A/D 转换的基本工作原理

A/D 转换器的功能是把连续变化的模拟信号转换成数字信号，这种转换一般要通过采样、保持、量化、编码这 4 个步骤，转换过程如图 8-1 所示。

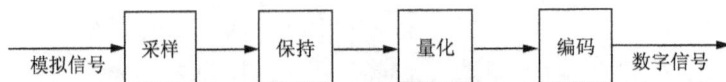

模拟信号 →［采样］→［保持］→［量化］→［编码］→ 数字信号

图 8-1　A/D 转换器工作示意图

1）采样和保持

采样就是对连续变化的模拟信号定时进行测量,抽取样值。通过采样,一个在时间上连续变化的模拟信号就转换为随时间断续变化的脉冲信号。

采样过程如图 8-2 所示。采样开关 S 是一个受控的模拟开关,构成所谓的采样器。采样脉冲 u_s 到来时,开关 S 接通,采样器工作(其工作时间受 u_s 脉冲宽度 T_C 控制),这时 $u_o = u_i$;当采样脉冲结束,开关 S 断开(其断开时间受 u_s 脉冲宽度 T_H 控制),此时 $u_o = 0$;采样器在 u_s 的控制下,把输入的模拟信号变换成为脉冲信号。

为了便于量化和编码,需要将每次采样的值暂存并保持不变,直到下一个采样脉冲的到来。所以在采样电路之后,接一个保持电路,通常可以利用电容器、电感器的存储作用来完成这个功能。

2）量化与编码

采样保持电路的输出信号虽然已成为阶梯形,但阶梯形的幅值仍然是连续变化的,为此要把采样保持后的阶梯信号按指定要求划分成某个最小量化单位的整数倍,这一过程称为量化。例如,把 0～1V 的电压转换为三位二进制数代码的数字信号,由于三位二进制数代码只有 8(即 2^3)个数值,因此必须把模拟信号电压分为 8 个等级,每个等级就是一个最小量化单位△,即△ $= \dfrac{1}{2^3} = \dfrac{1}{8}$(V),如图 8-3 所示。

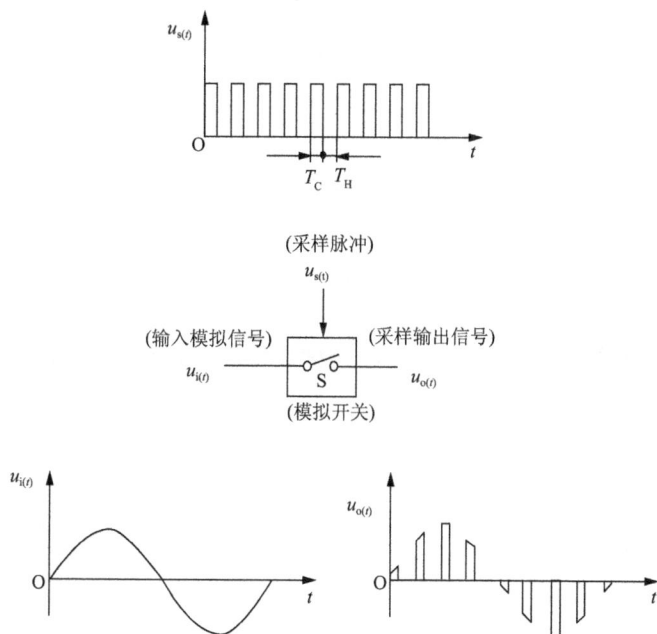

图 8-2　采样过程示意图

图 8-3　量化与编码关系表

将量化结果转换为相应的二进制数,这一过程称为编码。将图 8-3 中 0～$\dfrac{1}{8}$(V)之间的模拟电压归并为 0·△,用 000 表示;$\dfrac{1}{8}$～$\dfrac{2}{8}$(V)之间的模拟电压归并为 1·△,用 001

表示;$\frac{2}{8}\sim\frac{3}{8}$(V)之间的模拟电压归并为 2·△,用 010 表示等,经过上述处理后,就将模拟电量转换为以△为单位的数字量了,而这些代码就是 A/D 转换的输出结果。

8.1.2　比较型逐次逼近式 A/D 转换器

比较型逐次逼近式 A/D 转换器具有转换速度快、准确度高、成本低等优点,是使用最广泛的一种 A/D 转换器。它是利用一种"二进制搜索"技术来确定对被转换电压 u_x 的最佳逼近值,其原理框图如图 8-4 所示。

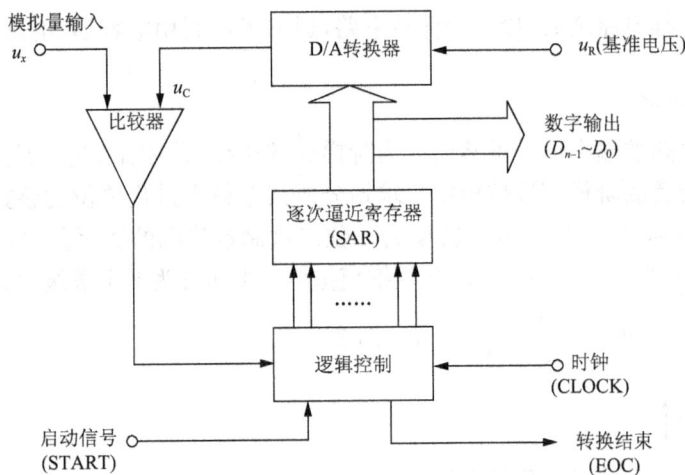

图 8-4　逐次逼近式 A/D 转换器原理框图

这种 A/D 转换器由 D/A 转换器、比较器、逻辑控制器及时钟等构成。其工作过程如下:

转换开始时,先将数码寄存器清零。当向 A/D 转换器发出一个启动信号脉冲后,在时钟信号作用下,逻辑控制首先将 n 位逐次逼近寄存器(SAR)最高位 D_{n-1} 置高电平 1,D_{n-1} 以下位均为低电平 0。

这个数码经 D/A 转换器转换成模拟量 u_C 后,与输入的模拟信号 u_x 在比较器中进行比较,由比较器给出比较结果。

(1) 当 $u_x \geqslant u_C$,则将最高位的 1 保留,否则将该位置 0。

(2) 接着逻辑控制器将逐次逼近寄存器次高位 D_{n-2} 置 1,并与最高位 D_{n-1}(D_{n-2} 以下位仍为低电平 0)一起进入 D/A 转换器,经 D/A 转换后的模拟量 u_C 再与模拟量 u_x 比较,以同样的方法确定这个 1 是否要保留。

(3) 如此下去,直到最后一位 D_0 比较完毕为止。此时 n 位寄存器中的数字量,即为模拟量 u_x 所对应的数字量,当 A/D 转换结束后,由逻辑控制发出一个转换结束信号,表明本次 A/D 转换结束,可以输出数据。

8.1.3　A/D 转换器的主要性能指标

不同种类的 A/D 转换器其特性指标也不尽相同,选用时应根据电路的需要合理选择 A/D 转换器。

1）分辨率

分辨率也称为分解度，以输出二进制数码的位数来表示 A/D 转换器对输入模拟信号的分辨能力。

2）转换误差

转换误差是指在整个转换范围内，输出数字量所表示的模拟电压值与实际输入模拟电压值之间的偏差。其值应小于输出数字最低有效位为 1 时所表示模拟电压值的一半。

3）转换时间

转换时间是指完成一次 A/D 转换所用的时间，即从接收到转换信号起，到输出端得到稳定的数字信号输出为止的这段时间。转换时间短，说明转换速度快。

4）输入模拟电压范围

A/D 转换器输入的模拟电压是可以改变的，但必须有一个范围，在这一范围内，A/D 转换器可以正常工作，否则就不能正常工作，如 AD57/JD 转换器的输入模拟电压范围为：单极性为 0～10 V，双极性为 −5～+5 V。

8.1.4　集成 A/D 转换器

集成 A/D 转换器是计算机接口电路及数字电路的重要组成部分。其芯片种类很多，转换精度有 8 位、10 位、12 位、16 位、18 位等，下面介绍 ADC0809 芯片

8.1.4.1　ADC0809 的引脚功能

ADC0809 是 8 位的逐次逼近型 CMOS 器件，不仅包括一个 8 位的逐次逼近型的 ADC 部分，而且还提供一个 8 通道的模拟多路开关和通道寻址逻辑，因而有理由把它作为简单的"数据采集系统"。利用它可直接输入 8 个单端的模拟信号分时进行 A/D 转换，在多点巡回检测和过程控制、运动控制中应用十分广泛。ADC0809 的引脚排列及实物如 8-5 所示。

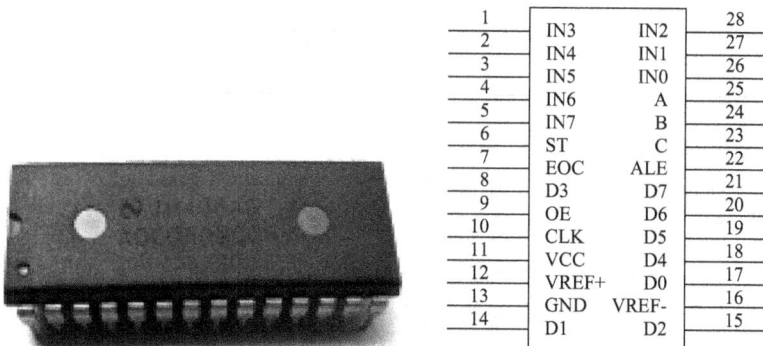

(a) ADC0809实物　　　　(b) ADC0809引脚图

图 8-5　ADC0809 的实物及引脚排列

ADC0809 各脚功能如下：

D7～D0：8 位数字量输出引脚。

IN0～IN7：8 位模拟量输入引脚。

VCC：+5V 工作电压。

GND:地。

VREF(+):参考电压正端。

VREF(-):参考电压负端。

START:A/D 转换启动信号输入端。

ALE:地址锁存允许信号输入端(以上两种信号用于启动 A/D 转换)。

EOC:转换结束信号输出引脚,开始转换时为低电平,当转换结束时为高电平。

OE:输出允许控制端,用以打开三态数据输出锁存器。

CLK:时钟信号输入端(一般为 500kHz)。

A、B、C:地址输入线。

ADC0809 对输入模拟量要求:信号单极性,电压范围是 0～5V,若信号太小,必须进行放大;输入的模拟量在转换过程中应该保持不变,若模拟量变化太快,则需在输入前增加采样保持电路。

地址输入和控制线:4 条。

ALE 为地址锁存允许输入线,高电平有效。当 ALE 线为高电平时,地址锁存与译码器将 A,B,C 三条地址线的地址信号进行锁存,经译码后被选中的通道的模拟量进入转换器进行转换。A、B 和 C 为地址输入线,用于选通 IN0～IN7 上的一路模拟量输入。通道选择如表 8-1 所示。

表 8-1　ADC0809 通道选择表

C	B	A	选择的通道
0	0	0	IN0
0	0	1	IN1
0	1	0	IN2
0	1	1	IN3
1	0	0	IN4
1	0	1	IN5
1	1	0	IN6
1	1	1	IN7

数字量输出及控制线:11 条。

ST 为转换启动信号。当 ST 上跳沿时,所有内部寄存器清零;下跳沿时,开始进行A/D 转换;在转换期间,ST 应保持低电平。EOC 为转换结束信号。当 EOC 为高电平时,表明转换结束;否则,表明正在进行 A/D 转换。OE 为输出允许信号,用于控制三条输出锁存器向单片机输出转换得到的数据。OE=1,输出转换得到的数据;OE=0,输出数据线呈高阻状态。D7～D0 为数字量输出线。

CLK 为时钟输入信号线。因 ADC0809 的内部没有时钟电路,所需时钟信号必须由外界提供,通常使用频率为 500kHz。

VREF(+),VREF(-)为参考电压输入。

8.1.4.2　ADC0809 的内部逻辑结构

ADC0809 的内部结构如图 8-6 所示。

由图 8-6 可知,ADC0809 由一个 8 路模拟开关、一个地址锁存与译码器、一个 A/D 转换器和一个三态输出锁存器组成。多路开关可选通 8 个模拟通道,允许 8 路模拟量分时输入,共用 A/D 转换器进行转换。三态输出锁存器用于锁存 A/D 转换完的数字量,当 OE 端为高电平时,才可以从三态输出锁存器取走转换完的数据。

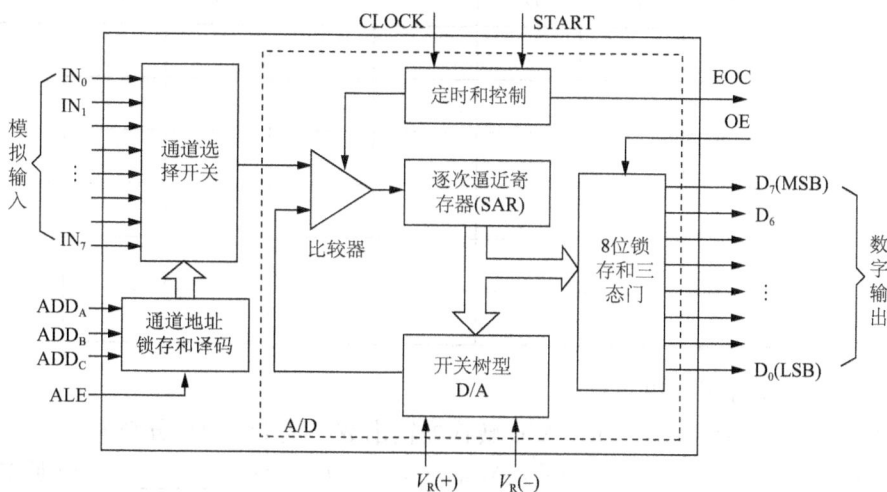

图 8-6 ADC0809 的内部结构图

8.1.4.3 ADC0809 功能测试电路

ADC0809 功能测试电路如图 8-7 所示。按图 8-7 所示连接电路。其中 $D_0 \sim D_7$ 分别接 8 个发光二极管,ADCALE 接函数信号发生器,使其输出 500kHz 方波,地址码 ADD A~ADD C 接逻辑开关 $K_2 \sim K_0$,并将逻辑开关置成 000。ALE、START 接单次脉冲。$IN_0 \sim IN_7$ 接通过 R_{48} 可调的电源 V_i,并按表 8-2 中的输入电压值调节,观察发光二极管 $D_0 \sim D_7$ 的状态,并记录数据。

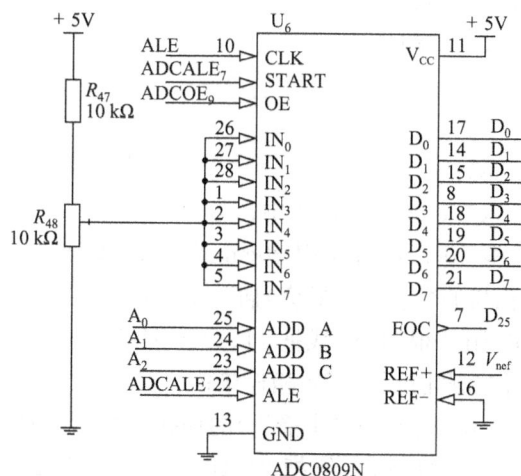

图 8-7 ADC0809 功能测试电路

接通电源后,测试记录的结果填入表 8-2 中。

表 8-2 ADC0809 功能测试数据记录

输入模拟量	输出数据量							
V_i	D_7	D_6	D_5	D_4	D_3	D_2	D_1	D_0
0								
1								
2								
3								
4								
5								

根据上面数据分析可知:

(1) 当 V_i 模拟量输入为 0 时,A/D 转换器输出数字量 $D_0 \sim D_7$ 分别为_____;当 V_i 模拟量输入为 5 时,A/D 转换器输出数字量 $D_0 \sim D_7$ 分别为_____。说明该 A/D 转换的满度输入电压为_____ V。

(2) 根据 A/D 转换器输出数字量转换后的十进制电压值与输入模拟量的对比情况,分析转换误差产生的原因。

任 务 实 施

1. 查找集成电路手册了解

(1) ADC0809 的功能及其引脚排列与名称;

(2) 电源端及其工作电压值;

(3) 输入、输出及相关控制端。

2. 按图 8-8 接线

方法如下:

(1) 关断实验箱总电源;

(2) 把 ADC0809 插入'A/D0809'插座中;

(3) 连接地线:用 5 根 10cm 线和 1 根 20cm 线把'ADC0809'的 13、16、23、24、25 号插孔及 1K 电位器右侧孔与的'⊥'(+5V 旁)插孔相连;

(4) 连接+5V 电源:用 3 根 10cm 线把 11、12、9 号孔与面板左侧+5V 孔相连,用 1 根 20cm 线把 1K 电位器左侧孔也与+5V 相连接;

(5) 用 10cm 线把 1K 电位器中间(有箭头)的插孔与 26 号脚相连;

(6) 用 5 根 10cm 线及 3 根 20cm 线把 21、20、19、18、8 及 15、14、17 号插孔分别与 $L_8 \sim L_1$ 相连;

（7）用 1 根 40cm 线把 10 号孔与 '　⊓⊔　'（右）孔相连；

（8）分别用 10cm 线及 20cm 线把 6、22 号孔与 P_2 相连；

（9）万用表黑笔接 "GND"，红笔接 ADC0809 的㉖脚，用于测量输入电压 u_1 值。

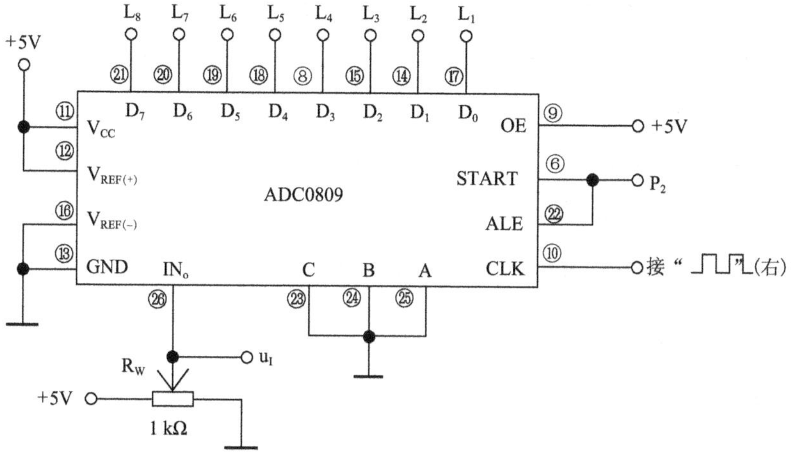

图 8-8　A/D 转换器接线图

3. 认真检查电路是否连接正确，检查无误后，打开实验箱电源

4. 把"脉宽调节"及"频率调节"均顺时调至最大（到底），使其输出最高频率

5. 验证 A/D 转换器（ADC0809）的功能

按表 8-3 调 R_w（1K），使 u_1 端的电压与表中给定的值一致，观察 $L_1 \sim L_8$ 的发光情况，每调好一组输入模拟量按 P_2 一次，再看输出结果，然后将结果记入表 8-3 中。

表 8-3　A/D 转换功能验证

输入模拟量	输出数字量								理论值
u_1/V	D_7	D_6	D_5	D_4	D_3	D_2	D_1	D_0	
5.0									
4.5									
4.0									
3.5									
3.0									
2.6									
2.5									
2.1									
2.0									
1.5									

续表

输入模拟量	输出数字量								理论值
u_I/V	D_7	D_6	D_5	D_4	D_3	D_2	D_1	D_0	
1.0									
0.9									
0.12									
0.0									

6. 完成实验后,拆线(抓住线头,反时旋出)

思考与练习

1. 判断题

(1) 将一个时间上连续变化的模拟量转换为时间上断续(离散)的模拟量的过程称为量化。　　　　　　　　　　　　　　　　　　　　　　　　　　　（　　）

(2) 用二进制码表示指定离散电平的过程称为编码。　　　　　　　（　　）

(3) 将幅值上、时间上离散的阶梯电平统一归并到最邻近的指定电平的过程称为采样。　　　　　　　　　　　　　　　　　　　　　　　　　　　（　　）

(4) A/D转换器的二进制数的位数越多,量化单位△越小。　　　　（　　）

(5) A/D转换过程中,必然会出现量化误差。　　　　　　　　　　（　　）

(6) 双积分型A/D转换器的转换精度高、抗干扰能力强,因此常用于数字式仪表中。　　　　　　　　　　　　　　　　　　　　　　　　　　　　（　　）

2. 简答题

(1) 什么是A/D转换?

(2) 常见的A/D转换器有哪几种?

(3) A/D转换包括几个过程?

(4) A/D转换器的主要性能指标有哪些?

任务8.2　D/A转换器的分析与测试

任 务 目 标

1. 掌握D/A转换器的基本概念、功能和工作原理;

2. 掌握倒T型电阻网络D/A转换器的工作原理与方框图;

3. 了解 D/A 转换器的主要参数和 DAC0832 的内部结构与引脚功能；

4. 能对 D/A 转换典型芯片 DAC0832 进行功能测试。

（任）（务）（要）（求）

用实验室提供的数字逻辑实验箱，按任务实施步骤测试 D/A 转换器的功能。

（知）（识）（解）（析）

8.2.1　权电阻网络 D/A 转换电路

8.2.1.1　D/A 转换器工作原理

能够把有限位数的数字量转换为相应模拟量的电路称为数字-模拟转换电路，简称数/模(D/A)转换器或 DAC(Digital to Analog Converter)。而每一位数字量都具有一定的"权"。因此将数字量的每一位代码按"权"的大小转换成相应的模拟量，将各位的模拟量相加，其总和就是与数字量成正比的模拟量。这就是 D/A 转换的基本思路。

1) D/A 转换器的功能

将数字量转换为模拟量，并使输出模拟电压的大小与输入数字量的数值成正比。

2) D/A 转换原理

D/A 转换器可将数字量(二进制代码)转换成与其数值成正比的模拟量(模拟电压)，其内部有一个解码网络。按照转换方式的不同，D/A 转换器可分为并行 D/A 转换器和串行 D/A 转换器两大类。并行 D/A 转换器的解码网络常由权电阻或 T 型电阻网络及模拟开关、运算放大器等组成。输入数字量的各位代码同时送到解码网络的输入端，由该网络解码后得到相应的模拟电压。

D/A 转换器组成方框图如图 8-9 所示。

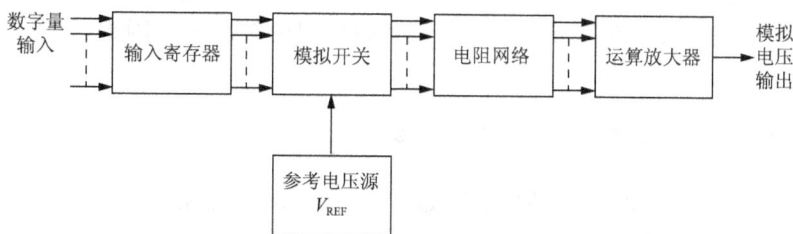

图 8-9　D/A 转换器方框图

8.2.1.2　权电阻网络 D/A 转换电路

如图 8-10 所示为四位权电阻网络 D/A 转换器电路图。

从图中可以看出，四位权电阻网络 D/A 转换器电路图由以下四部分组成。

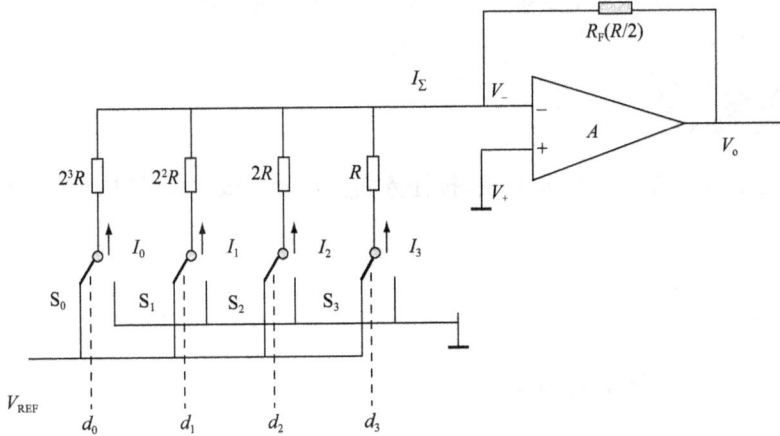

图 8-10 四位权电阻网络 D/A 转换器电路图

1）参考电压 V_{REF}

V_{REF} 是一个基准电压源，要求精度高、稳定性好。

2）模拟电子开关 $S_0 \sim S_3$

$S_0 \sim S_3$ 分别由输入数字量 $d_0 \sim d_3$ 控制，当 d_i 为"1"时，开关 S_i 接通参考电压，反之当 d_i 为"0"时，开关 S_i 接地。

3）权电阻

电阻网络的权电阻数量与输入数字量的位数相同，取值与二进制各位的权成反比，每降低一位，电阻值增加一倍。

4）求和运算放大器

各权电阻支路电流在运放中相加，通过 R_F 在输出端得到与输入数字信号成正比的模拟电压。

权电阻网络 D/A 转换器的优点是电路结构简单，各位数字量同时进行转换，速度较快。缺点是构成网络的电阻取值太宽，如 8 位 DAC，若最小权电阻为 R，则最大权电阻为 $128R$，相差 128 倍。要想在集成电路中保证各权电阻的精度十分困难，所以电路应用不广泛。

8.2.2 R-2R 倒 T 型电阻网络 D/A 转换电路

4 位倒 T 型电阻网络 D/A 转换电路如图 8-11 所示，它克服了权电阻网络 D/A 转换电路的缺点，电阻网络只有 R 和 $2R$ 两种，但电阻的个数却增加了一倍。电路转换速度快，尖峰脉冲干扰较小，便于集成，所以是使用最广泛的一种 D/A 转换器。

电路结构也由 4 个部分组成：

（1）参考电压 V_{REF}。

（2）模拟电子开关 $S_0 \sim S_3$。

（3）R-2R 电阻解码网络。

（4）求和运算放大器。

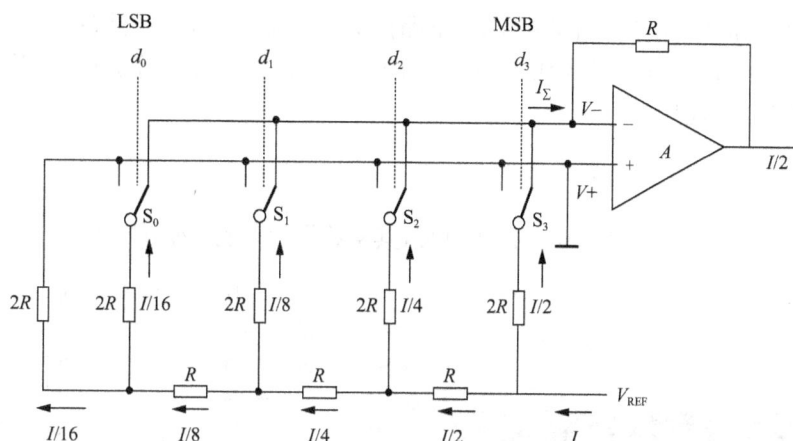

图 8-11　四位权电阻网络 D/A 转换器电路图

该电路用 R 和 $2R$ 两种阻值的电阻连接成倒置 T 形结构,因而称为倒置 T 形电阻网络。

当输入的数字信号 $d_0 \sim d_3$ 的任何一位为 1 时,对应的开关将电阻 2R 接到放大器的输入端;当它为 0 时,则对应开关将电阻 2R 接地。因此,无论输入数字量是 0 还是 1,2R 电阻都可视为接地,各支路的电流与开关位置无关,始终保持不变。

8.2.3　D/A 转换器主要性能指标

1) 分辨率

分辨率说明 D/A 转换器分辨最小输出电压的能力,通常用最小输出电压与最大输出电压之比表示。

所谓最小输出电压 U_{LSB} 指当输入的数字量仅最低位为 1 时的输出电压,而最大输出电压 U_{OMAX} 是指当输入数字量各有效位全为 1 时的输出电压。

对于一个 n 位的 D/A 转换器,分辨率可表示为

$$\text{分辨率} = \frac{U_{LSB}}{U_{OMAX}} = \frac{1}{2^n - 1}$$

2) 转换误差

转换误差是指 D/A 转换器输入端加最大数字量时,实际输出的模拟电压与理论输出模拟电压的最大误差。通常要求 D/A 转换器的误差小于 $\dfrac{U_{LSB}}{2}$。

3) 转换速度

转换速度是指 D/A 转换器从数码输入开始,到输出的模拟电压达到稳定值所需的时间,也称为转换时间。一般取输入由全 0 变成全 1 或反之,其输出达到稳定值所需要的时间。转换时间越小,工作速度就越高。

8.2.4　8 位集成 DAC 芯片 DAC0832

DAC0832 是 8 分辨率的 D/A 转换集成芯片,由 8 位输入锁存器、8 位 DAC 寄存器、8

位 D/A 转换电路及转换控制电路构成。电路内有两级输入寄存器,具备双缓冲、单缓冲和直通三种输入方式。由于其价格低廉、接口简单、转换控制容易等优点,在单片机应用系统中得到广泛的应用。

8.2.4.1 DAC0832 的引脚功能

DAC0832 采用 20 只引脚双列直插封装,其实物图、引脚排列图如图 8-12 所示。

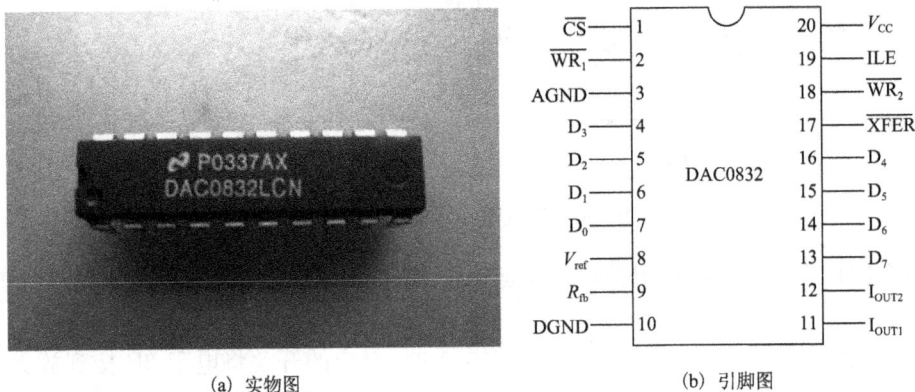

(a) 实物图   (b) 引脚图

图 8-12 DAC0832 的实物图、引脚图

DAC0832 各脚功能如下:

$D_0 \sim D_7$:数字信号输入端。

ILE:输入寄存器允许,高电平有效。

$\overline{CS}$:片选信号,低电平有效。

$\overline{WR_1}$:写信号 1,低电平有效。

$\overline{XFER}$:传送控制信号,低电平有效。

$\overline{WR_2}$:写信号 2,低电平有效。

I_{OUT1}、I_{OUT2}:DAC 电流输出端。

R_{fb}:是集成在片内的外接运放的反馈电阻。

V_{ref}:基准电压($-10 \sim 10V$)。

V_{cc}:电源电压($+5 \sim +15V$)。

AGND:模拟地

NGND:数字地,可与 AGND 接在一起使用。

8.2.4.2 DAC0832 的内部逻辑结构

DAC0832 内部结构框图如图 8-13 所示。其有两级锁存器,第一级锁存器称为输入寄存器,它的锁存信号为 ILE;第二级锁存器称为 DAC 寄存器,它的锁存信号为传输控制信号 。因为有两级锁存器,DAC0832 可以工作在双缓冲器方式,即在输出模拟信号的同时采集下一个数字量,这样能有效地提高转换速度。此外,两级锁存器还可以在多个 D/A 转换器同时工作时,利用第二级锁存信号来实现多个转换器同步输出。

ILE 为高电平、$\overline{CS}$ 和 $\overline{WR_1}$ 为低电平时，LE_1 为高电平，输入寄存器的输出跟随输入而变化；此后，当 $\overline{WR_1}$ 由低变高时，LE_1 为低电平，资料被锁存到输入寄存器中，这时的输入寄存器的输出端不再跟随输入资料的变化而变化。对第二级锁存器来说，$\overline{WR_2}$ 和 $\overline{XFER}$ 同时为低电平时，LE_2 为高电平，DAC 寄存器的输出跟随其输入而变化；此后，当 $\overline{WR_2}$ 由低变高时，LE_2 变为低电平，将输入寄存器的资料锁存到 DAC 寄存器中。

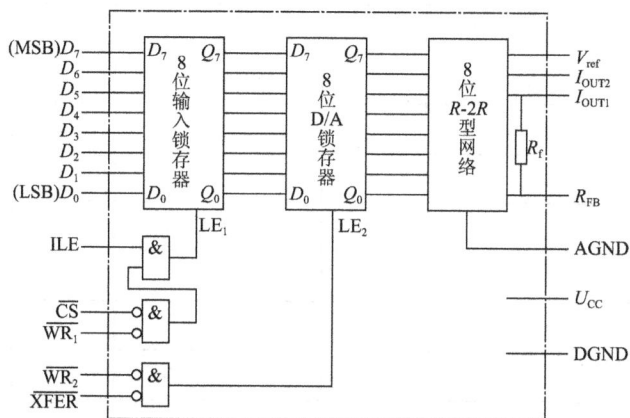

图 8-13　DAC0832 内部结构框图

8.2.4.3　DAC0832 功能测试电路

DAC0832 输出的是电流，一般要求输出是电压，所以还必须经过一个外接的运算放大器转换成电压。其功能测试电路如图 8-14 所示。按图所示连接电路，DAC0832 被接成单极性直通工作方式，即 $\overline{CS}$、$\overline{WR_1}$、$\overline{WR_2}$ 和 $\overline{XFER}$ 均接地，ILE 接高电平，I_{OUT1} 接运放的反相输入端，I_{OUT2} 接运放的同相输入端，通过运放把电流输出形式转换为电压输出。$D_0 \sim D_7$ 分别接 8 个逻辑开关 $K_7 \sim K_0$，并将逻辑开关按表 8-4 置位，接通电源后，用万用表测量输出电压的值，将测试记录的结果填入表 8-4 中。

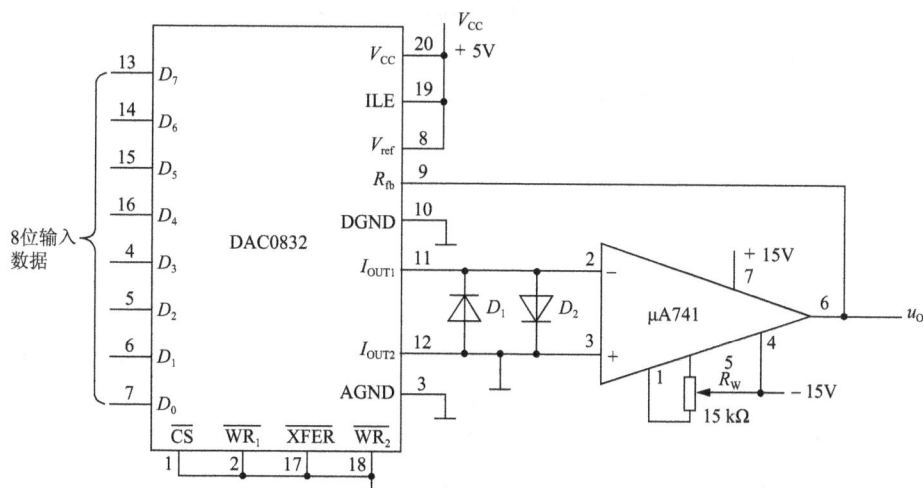

图 8-14　DAC0832 功能测试电路

表 8-4　DAC0832 数据记录

输入数字量								输出模拟量/V	
D_7	D_6	D_5	D_4	D_3	D_2	D_1	D_0	$u_测$	$u_计$
0	0	0	0	0	0	0	0		
0	0	0	0	0	0	0	1		
0	0	0	0	0	0	1	0		
0	0	0	0	0	1	0	0		
0	0	0	0	1	0	0	0		
0	0	0	1	0	0	0	0		
0	0	1	0	0	0	0	0		
0	1	0	0	0	0	0	0		
1	0	0	0	0	0	0	0		
1	1	1	1	1	1	1	1		

根据上面数据分析可知：

(1) 当 $D_0 \sim D_7$ 数字信号输入端全为 0 时，D/A 转换器输出模拟量 u_o 为＿＿＿＿＿V；当 $D_0 \sim D_7$ 数字信号输入端全为 1 时，D/A 转换器输出模拟量 u_o 为＿＿＿＿＿V。说明该 D/A 转换的满度输出电压为＿＿＿＿＿V。

(2) 将表 8-4 中的 $u_测$ 和 $u_计$ 进行对比，分析转换误差产生的原因。

任　务　实　施

1. 查找集成电路手册了解

(1) DAC0832 和 HA17741 的功能及其引脚排列与名称；

(2) 电源端及其工作电压值；

(3) 输入、输出及相关控制端。

2. 按图 8-15 接线

(1) 关断实验箱总电源；

(2) 把 DAC0832 插入 'D/A0832' 的插座中，HA17741 插入 'IC8' 插座中（注意方向）；

(3) 连接地线：

① 用 5 根 10cm 长的线把 'DAC0832' 的 1、2、3、10、17、18 号插孔之间相连，然后再用 1 根 20cm 线把上述插孔和实验箱面板左侧的 '⊥' 相连；

② 用 1 根 30cm 线把 'DAC0832' 的 12 号孔和 'IC8' 的 3 号插孔相连；

③ 用 1 根 20cm 线把 'IC8' 的 3 号孔与面板右侧的 'GND'（在 ±15V 之间）插孔相连。

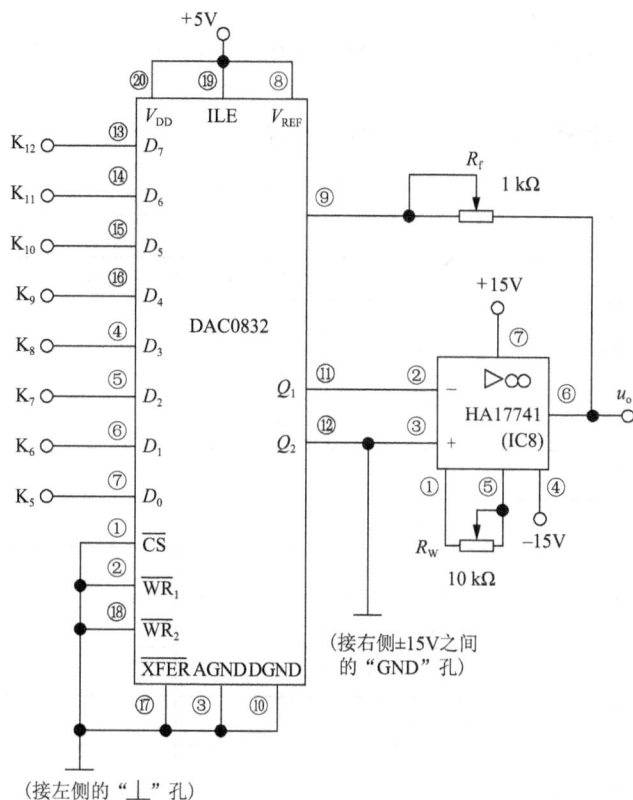

图 8-15　D/A 转换器连接图

（4）连接电源线：

① 用 2 根 10cm 线及 2 根 20cm 线把'DAC0832'的 8、19、20 号插孔和面板左侧的 +5V 之间相连；

② 用 2 根 20cm 线把'IC8'的 7 号孔与 +15V 及 4 号孔与 -15V 分别相连。

（5）接 R_w 和 R_f 元件：

用 3 根 10cm 线把 R_w(10k) 电位器接好。用 1 根 10cm 线及 1 根 30cm 线把 R_f(1k) 电位器接好（注：只接中间及旁边当中的一个孔）。

（6）连接输入、输出端：

① 用 1 根 30cm 线把 "DAC" 的 11 号孔与 "IC8" 的 2 号相连；

② 用 8 根 40cm 线把 "DAC" 的 13、14、15、16、4、5、6、7 号插孔分别对应接至 K_{12}~K_5；

③ 数字万用表调至直流电压挡(20V)，黑表笔接 IC8 的 6 号孔，红表笔接 "GND" 孔，用于测量 u_o 直流电压值。

3. 认真检查电路是否连接正确，检查无误后，打开实验箱电源

4. 调零

（1）把 K_5~K_{12} 全拨为'0'，调 10K 电位器，使 u_o（即万用表读数）为 0V；

（2）把 K_5~K_{12} 全拨为'1'，调 1K 电位器，使 u_o = -5V。

5. 验证 DAC0832 功能

按表 8-5 要求输入二进制数字量,分别用万用表测出对应的输出模拟电压值 u_o,结果填入表 8-5 中。

6. 完成实验后,拆线(抓住线头,反时旋转取出)

表 8-5　D/A 转换功能验证

对应十进制	输入数字量								输出模拟电压	
	D_7	D_6	D_5	D_4	D_3	D_2	D_1	D_0	测量值	理论值
0	0	0	0	0	0	0	0	0		
	0	0	0	0	1	1	1	1		
	0	0	0	1	0	0	0	0		
	0	0	0	1	0	1	1	1		
	0	0	0	1	1	1	1	1		
	0	1	1	1	1	1	1	1		
	1	0	0	0	0	0	0	0		
	1	0	0	1	0	1	1	1		
	1	0	1	0	1	1	1	1		
	1	1	0	0	0	1	1	1		
	1	1	1	0	0	0	0	0		
	1	1	1	1	1	1	1	1		

思考与练习

1. 判断题

(1) 权电阻网络 D/A 转换器的电路简单且便于集成工艺制造,因此被广泛使用。(　　)

(2) D/A 转换器的最大输出电压的绝对值可达到基准电压 U_{REF}。(　　)

(3) D/A 转换器的位数越多,能够分辨的最小输出电压变化量就越小。(　　)

(4) D/A 转换器的位数越多,转换精度越高。(　　)

(5) 一个无符号 8 位数字量输入的 DAC,其分辨率为 8 位。(　　)

(6) 一个无符号 4 位权电阻 DAC,最低位处的电阻为 40kΩ,则最高位处电阻为 10kΩ。(　　)

2. 简答题

(1) 什么是 D/A 转换?

(2) 常见的 D/A 转换器有哪几种类型?

(3) 并行 D/A 转换器包括几个过程?

（4）D/A 转换器的主要性能指标有哪些?

（5）D/A 转换器分辨率与什么参数有关?

任务 8.3　数字万用表电路的分析

任 务 目 标

1. 能进一步掌握 A/D 转换器的功能和工作原理。
2. 理解双积分 A/D 转换器的方框图和工作原理。
3. 能分析三位半数字万用表的工作原理和制作调试方法。

知 识 解 析

8.3.1　工作原理

8.3.1.1　双积分 A/D 转换器的方框图和工作原理

双积分式 A/D 转换器的工作过程:先对一段时间内的输入模拟量通过两次积分,变换为与输入电压平均值成正比的时间间隔,然后用固定频率的时钟脉冲进行计数,计数结果就是正比于输入模拟信号的数字信号。

1) 双积分 A/D 转换器的方框图

图 8-16 所示是双积分 A/D 转换器控制逻辑框图。它由积分器(包括运算放大器 A_1 和 RC 积分网络)、过零比较器 A_2、N 位二进制计数器、开关控制电路、门电路、参考电压 U_{REF} 与时钟脉冲源 CP 组成。

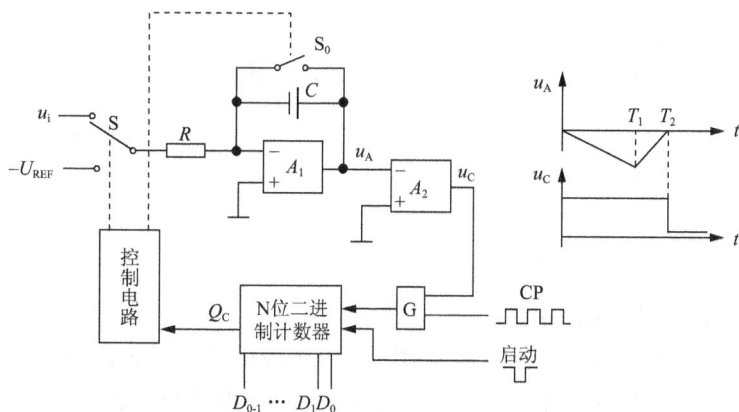

图 8-16　双积分 A/D 转换器控制逻辑框图

2) 双积分 A/D 转换器工作原理

A/D 转换开始前,先将计数器清零,并通过控制电路使开关 S_0 接通,将电容 C 充分放电。积分器输出 u_A 线性下降,经零值比较器 A_2 获得一方波 u_C,打开门 G,计数器开始计数,当输入 2^n 个时钟脉冲后,计数器重新从 0 开始计数,直到 $t = T_2$,u_A 下降到 0,比较器输出的正方波结束,此时计数器中暂存的二进制数字就是 u_i 相对应的二进制数码。

8.3.1.2　DT830 型三位半数字万用表

1) 数字万用表的位数

数字万用表的核心电路是单片大规模集成电路(A/D)转换器。由 CS7106AGP 系列单片(A/D)转换器,与其对应的液晶显示屏(LED)组成三位半数字万用表;由 ICL7107 系列单片(A/D)转换器,与其对应的液晶显示屏(LED)组成四位半数字万用表;由 ICL7159 系列单片(A/D)转换器,与其对应的液晶显示屏(LED)组成五位半数字万用表。对应数字显示最大值分别为 1999、19999 及 199999,由此构成不同型号的数字万用表。

2) 数字万用表的组成

图 8-17 是三位半数字万用表的组成框图。大规模集成电路 7106 的芯片内部包含双积分 A/D 转换器、显示锁存器、七段译码器和显示驱动器等组成,构成数字显示的测量机构。

通过相应的功能转换电路,使被测各模拟量(电压、电流、电阻等)转换成电压测量机构对应的电压量信号,经放大或衰减电路送入模拟数字比较、分析、处理后,将相应模拟量的有效值在显示屏上显示出来。所以数字万用表是以直流数字电压表作基本表,配接与之成线性变换的直流电压、电流、电阻等变换器,即能完成多种测量功能。

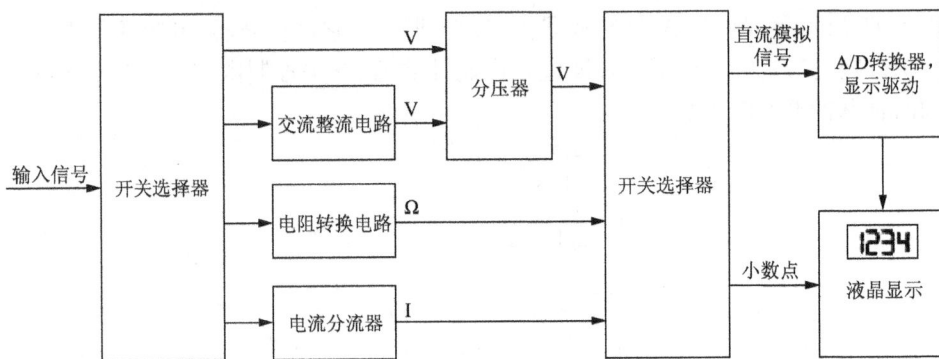

图 8-17　数字万用表的结构框图

3) DT830 数字万用表的工作原理

图 8-18 是 DT830 电路原理图,输入仪表的电压或电流信号经过一个开关选择器转换一个 0 到 $\pm199.9\text{mV}$ 的直流电压。电流测量则通过选择不同阻值的分流电阻获得。

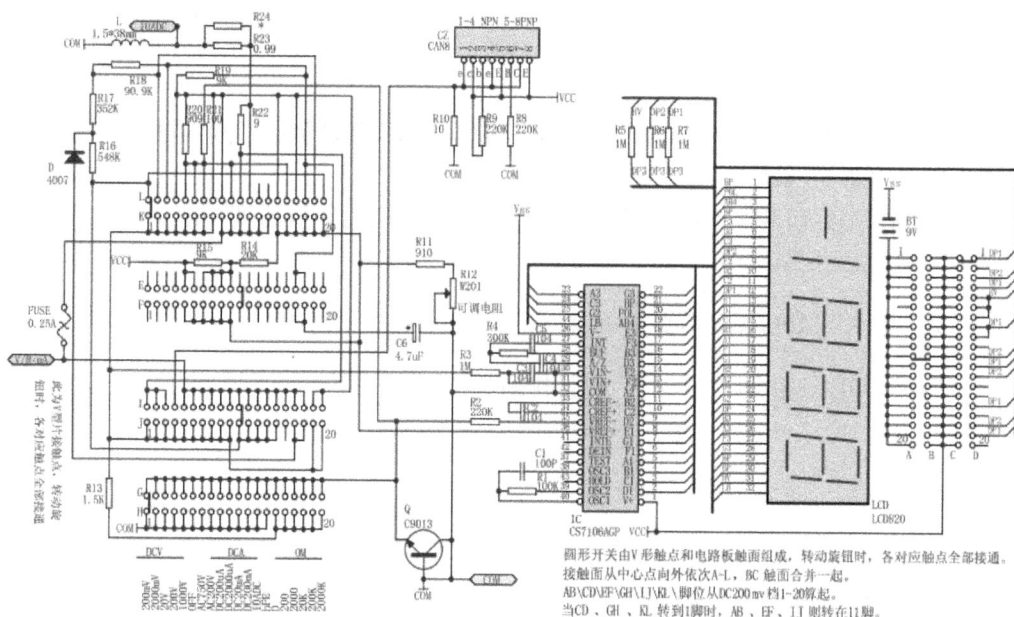

图 8-18　DT830 电路原理图

DT830 是以 CS7106AGP 转换器为核心的数字万用表。A/D 转换器将 0～2V 范围的模拟电压变成三位半的 BCD 码数字显示出来。将被测直流电压、交流电压、直流电流及电阻等物理量变成 0～2V 的直流电压，送到 CS7106AGP 的输入端，即可在数字表上进行检测。

为检测大于 2V 的直流电压，在输入端引入衰减器，将信号变为 0～2V，检测显示时再放大同样的倍数。

检测交流电压，首先必须将被测电流变成 0～2V 的直流电压即实现衰减与 I/V 变换。衰减是由精密电阻构成的具有不同分流系数的分流器完成。

电阻的检测是利用电流源在电阻上产生压降。因为被测电阻上通过的电流是恒定的，所以在被测电阻上产生的压降与其阻值成正比，然后将得到的电压信号送到 A/D 转换器进行检测。

8.3.2　集成 A/D 转换器 CS7106AGP

CS7106AGP 是目前广泛应用的一种 $3\frac{1}{2}$ 位 A/D 转换器，能构成 $3\frac{1}{2}$ 位液晶显示的数字电压表。

8.3.2.1　CS7106AGP 的性能特点

（1）采用＋7V～＋15V 单电源供电，可选 9V 叠层电池，有助于实现仪表的小型化。低功耗（约 16mW），一节 9V 叠层电池能连续工作 200 小时或间断使用半年左右。

（2）输入阻抗高（$10^{10}\Omega$）。内设时钟电路、＋2.8V 基准电压源、异或门输出电路，能直接驱动 $3\frac{1}{2}$ 位 LCD 显示器。

（3）属于双积分式 A/D 转换器，A/D 转换准确度达±0.05%，转换速率通常选 2 次/s～5 次/s。具有自动调零、自动判定极性等功能。通过对芯片的功能检查，可迅速判定其质量好坏。

（4）外围电路简单，仅需配 5 只电阻、5 只电容和 LCD 显示器，即可构成一块 DVM。其抗干扰能力强，可靠性高。

（5）工作温度范围是 0～+70℃，但受 LCD 限制，仪表环境温度一般为 0～+40℃，相对湿度不超过 80%。

8.3.2.2　CS7106AGP 的引脚功能

CS7106AGP 采用 DIP-40 封装，引脚排列如图 8-19 所示。

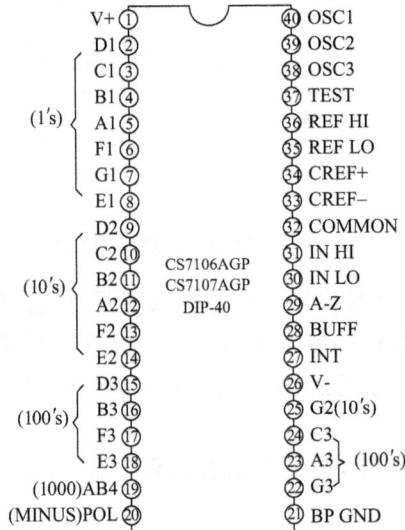

图 8-19　CS7106AGP 引脚排列图

V_+、V_- 分别接 9V 电源（E）的正、负极。COM 为模拟信号的公共端，简称模拟地，使用时应与 IN_-、U_{REF-} 端短接。TEST 是测试端，该端经内部 500Ω 电阻接数字电路的公共端（GND），因二者呈等电位，故亦称做数字地。该端有两个功能：①作测试指示，将它接 V_+ 时 LCD 显示全部笔段 1888、可检查显示器有无笔段残缺现象；②作为数字地供外部驱动器使用，来构成小数点及标志符的显示电路。$a_1～g_1$、$a_2～g_2$、$a_3～g_3$、bc_4 分别为个位、十位、百位、千位的笔段驱动端，接至 LCD 的相应笔段电极。千位 b、c 段在 LCD 内部连通。当计数值 $N>1\,999$ 时显示器溢出，仅千位显示"1"，其余位消隐，以此表示仪表超量程（过载溢出）。POL 为负极性指示的驱动端。BP 为 LCD 背面公共电极的驱动端，简称"背电极"。$OSC_1～OSC_3$ 为时钟振荡器引出端，外接阻容元件可构成两级反相式阻容振荡器。U_{REF+}、U_{REF-} 分别为基准电压的正、负端，利用片内 $V_+～COM$ 的 +2.8V 基准电压源进行分压后，可提供所需 U_{REF} 值，亦可选外基准。C_{REF+}、C_{REF-} 是外接基准电容端。IN_+、IN_- 为模拟电压的正、负输入端。C_{AZ} 端接自动调零电容。BUF 是缓冲放大器输出端，接积分电阻 R_{INT}。INT 为积分器输出端，按积分电容 C_{INT}。需要说明，CS7106AGP 的数字地（GND）并未引出，但可将测试端(TEST)视为数字地,该端电位近似等于电源电压的一半。

项　目　实　施

1. 清点元器件

对照图 8-18 和元器件材料清单表(见表 8-6),清点元器件。

表 8-6　DT830B 元件清单(一)

代号	参数	精度/%	代号	参数	精度/%
R_1	100K	±5	R_{17}	352K	±5
R_2	220K	±5	R_{18}	90.9K	±1
R_3	1M	±5	R_{19}	9K	±0.25
R_4	300K	±1	R_{20}	909	±1
R_5	1M	±5	R_{21}	100	±0.25
R_6	1M	±5	R_{22}	9	±0.25
R_7	1M	±5	R_{23}	0.99	±0.5
R_8	220K	±5	R_{24}	0.99	±0.5
R_9	220K	±5	C_1	100pF	
R_{10}	10	±5	C_2	100nF	
R_{11}	910	±5	C_3	100nF	
R_{12}	200(VR$_1$)		C_4	100nF	
R_{13}	1.5K	±55	C_5	100nF	
R_{14}	20K	±55	C_6	4.7uF	
R_{15}	9K	±0.25	D_3	1N4007	
R_{16}	548K	±0.5	Q_1	9013	

表 8-6　DT830B 元件清单(二)

1. (1)底面壳各	1 个	(4)旋钮	1 个
(2)液晶片	1 片	(5)屏蔽纸	1 张
(3)液晶片支架	1 个	(6)功能面板	(已装好)

2. 线路板部分

(1)IC:CS7106AGP(全检)(已装好)	(2)表笔插孔柱 3 个(已装好)

3. 袋装部分

(1)保险管、座	1 套	(8)定位弹簧 2.8 * 5	2 个
(2)HFE 座	1 个	(9)接地弹簧 4 * 13.5	1 个
(3)V 行触片	6 片	(10)2 * 8 自攻螺钉(固定线路板)3 个	
(4)9V 电池	1 个	(11)2 * 10 自攻螺钉(固定底壳)2 个	
(5)电池扣	1 个	(12)电位器 201(VR$_1$)	1 个
(6)导电胶条	2 个	(13)锰铜丝电阻(R_0)	1 个
(7)滚珠	2 个		

4. 附件

(1)表笔一付;(2)说明书;(3)电路图及注意要点 1 张

2. 识别与检测元器件

1）识别与检测电阻

从外观识别电阻，用万用表测量本项目所给的电阻并完成表 8-7。

表 8-7　电阻识别与检测表

电阻编号	色环颜色	标称值	测量值	万用表量程	质量判别（好/坏）

2）识别与检测电容

从外观识别电容，用万用表检测本项目所给的电容，并完成表 8-8。

表 8-8　电容识别与检测表

电容编号	种类	标称值	实际代表容量和耐压	万用表量程	质量判别（好/坏）

3）二极管的识别与检测

从外观识别二极管，用万用表检测本项目所给的二极管，并完成表 8-9。

表 8-9　二极管的识别与检测表

二极管编号	种类	型号	正向电阻	反向电阻	材料	万用表量程	质量判别（好/坏）

4）三极管的识别与检测

从外观识别三极管，用万用表检测本项目所给的三极管，并完成表 8-10。

表 8-10　三极管的识别与检测表

三极管编号	型　号	外　形	材　料	类　型	质量判别(好/坏)

5) 识别与检测集成电路 CS7106AGP

从外观识别集成电路,用万用表检测本项目所给的集成电路(CS7106AGP),并完成表 8-11。

方法步骤:

(1) 判断 CS7106AGP 的引脚。

(2) 用万用表测量 CS7106AGP 的正反向电阻,将测量结果记录于表 8-11 中,并与正常值比较。

表 8-11　集成电路的识别与检测表

引脚	①	②	③	④	⑤	⑥	⑦	⑧	⑨	⑩
正向电阻										
反向电阻										
引脚	⑪	⑫	⑬	⑭	⑮	⑯	⑰	⑱	⑲	⑳
正向电阻										
反向电阻										
引脚	㉑	㉒	㉓	㉔	㉕	㉖	㉗	㉘	㉙	㉚
正向电阻										
反向电阻										
引脚	㉛	㉜	㉝	㉞	㉟	㊱	㊲	㊳	㊴	㊵
正向电阻										
反向电阻										

6) 电感的识别与检测

从外观识别电感,用万用表检测本项目所给的电感,并完成表 8-12。

表 8-12　电感的识别与检测表

电感编号	型号	万用表量程	质量判别

7) 其他元器件的识别与检测

从外观识别其他元器件,用万用表检测本项目所给的其他元器件,并完成表 8-13。

表 8-13　其他元器件的识别与检测表

元器件编号	型号	万用表量程	质量判别

3．DT830B 数字万用表的安装

1）安装工艺

DT830B 由机壳塑件（包括上下盖、旋钮）、印制板部件（包括插口）、液晶屏及表笔等组成，组装成功的关键是装配印制电路板部件，整机安装流程见图 8-20。

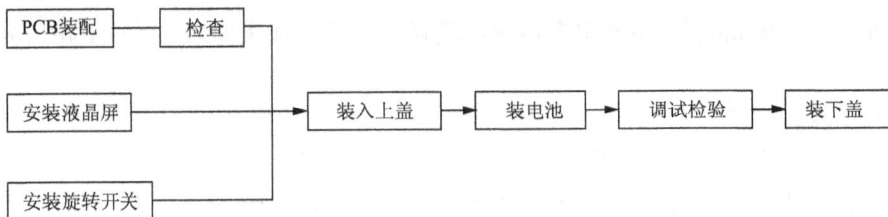

图 8-20　整机安装流程图

2）安装步骤

（1）印制电路板的安装。DT830B 数字万用表 PCB 板见图 8-21，双面板的 A 面是焊接面，中间环行印制导线是功能、量程转换开关电路，需要小心保护，不得划伤或污染。

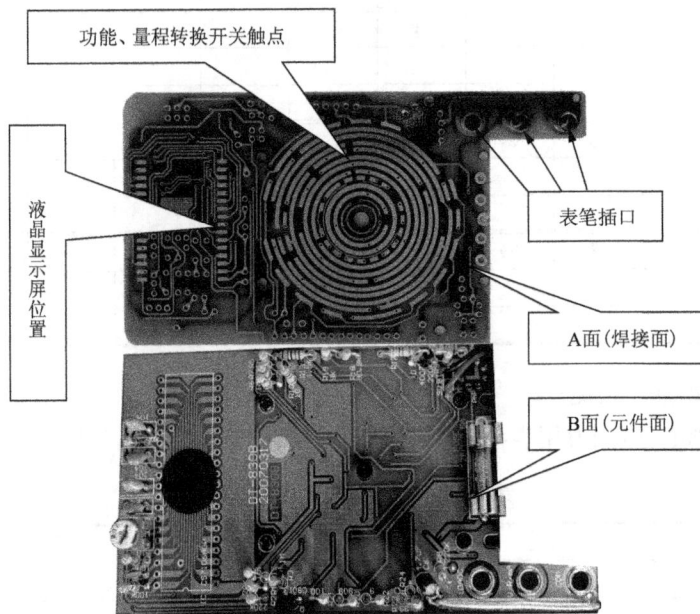

图 8-21　DT830B 数字万用表 PCB 板

① 将"DT830B 元件清单"上所有元件顺序插焊到印制电路板相应的位置上。安装电阻、电容、二极管时，如果安装孔距＞8mm（例如 R8、R21 等丝印图上画上电阻符号的）的采用卧式安装；如果孔距＜5mm 的 应立式安装（例如板上丝印图画"O"的其他电阻）；电容采用立式安装，如图 8-22 所示。

立插二极管的色带，要求
指向二极管符号的顶端

色带

立式电阻安装示意图。
焊接并剪掉多余的元件脚

安放电位器示意图

图 8-22 元器件安装处理图

② 安装电位器、三极管插座。注意安装方向：三极管插座装在 A 面而且应使定位凸点与外壳对准、在 B 面焊接，如图 8-23 所示安装完成的印制板 B 面。

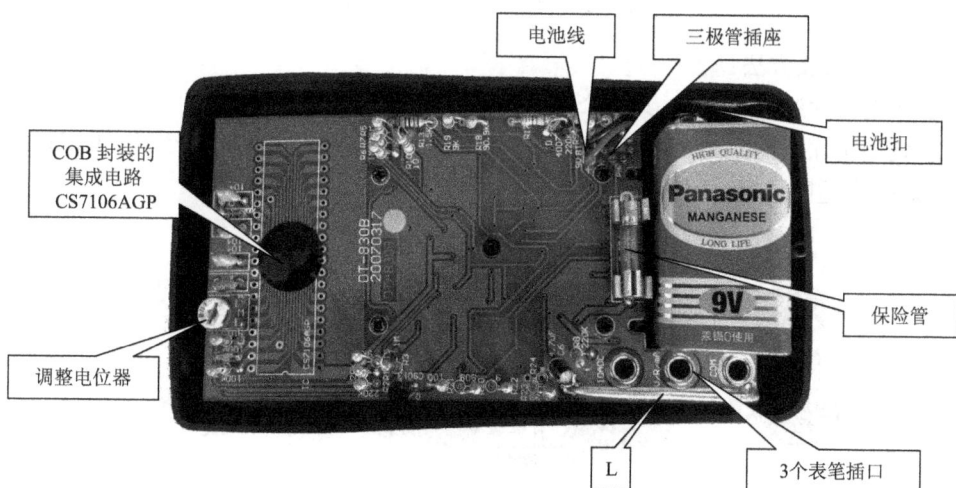

电池线

三极管插座

COB 封装的
集成电路
CS7106AGP

电池扣

保险管

调整电位器

L

3个表笔插口

图 8-23 安装完成的印制板 B 面

③ 安装保险座、R0、弹簧。焊接点大，注意预焊和焊接的时间。

④ 安装电池线、三极管测量管座、及 L 安装如图 8-24 所示。电池线由 B 面穿到 A 面再插入焊孔、在 B 面焊接。红线接"＋"，黑线接"－"。

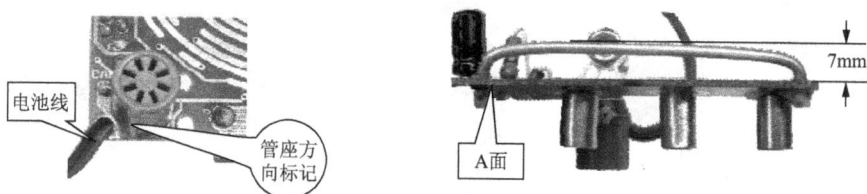

电池线

管座方
向标记

7mm

A面

图 8-24 三极管测量管座和 L 安装高度

（2）液晶屏的安装：

① 面壳平面向下置于桌面，从旋钮圆孔两边垫起约 5mm。

② 将液晶屏放入面壳窗口内,白面向上,方向标记在右方;放入液晶屏支架。平面向下;用镊子把导电胶条放入支架两横槽中,注意保持导电胶条的清洁,如图 8-25 所示。

EVA胶垫

图 8-25　安装液晶屏和导电条

(3) 旋钮安装方法:

① V 型簧片装到旋钮上,共六个。

② 装完簧片把旋钮翻面,将两个小弹簧蘸少许凡士林放入旋钮两个孔,再把两小钢珠放在表壳合适的位置上,如图 8-26 所示。

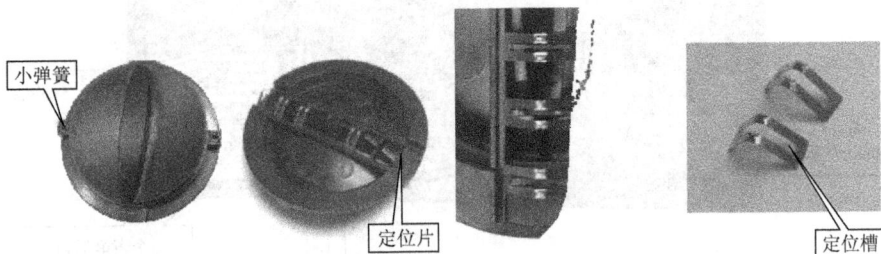

小弹簧

定位片

定位槽

图 8-26　小弹簧和 V 型簧片安装

③ 将装好弹簧的旋钮按正确方向放入表壳,如图 8-27 所示。

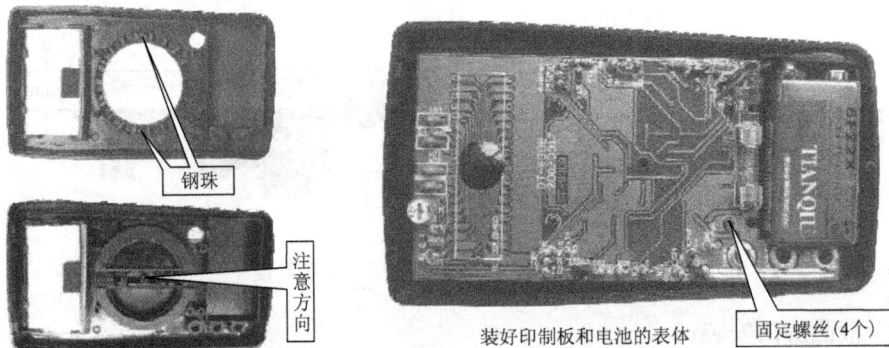

钢珠

注意方向

装好印制板和电池的表体

固定螺丝(4个)

图 8-27　旋钮、PCB 板、电池安装

（4）固定印制板：

① 将印制板对准位置装入表壳（注意：安装螺钉之后再装保险管），并用三个螺钉紧固。

② 装上保险管和电池，转动旋钮，液晶屏应正确显示。

（5）总装：

① 贴屏蔽膜　将屏蔽膜上保护纸揭去，露出不干胶面。

② 盖上后盖，安装后盖 2 个螺钉，至此安装、校准、检测全部完毕。

4. 调试

1）CS7106AGP 的功能检测

进行功能检测的目的是判断芯片的质量好坏，进而确定数字万用表的故障在芯片还是外围电路，为分析原因提供重要的依据。

对 CS7106AGP 做功能的检测包括以下 4 项内容。

（1）检查零输入时的显示值。将 CS7106AGP 的正、负模拟输入端 IN_+、IN_- 短接，使输入电压 $V_{in}=0V$，仪表应显示"00.0"。

（2）检查比例读数。将 IN_+ 与基准电压正端 V_{ref+} 短接，用基准电压代替输入电压，即 $V_{in}=V_{ref}=100.0mV$，仪表应显示"100.0"，允许有 +1 个误差。此步骤称作比例读数检查，它表示当比值 $V_{in}/V_{ref}=1$ 时仪表的固有显示值。

（3）检查液晶显示器的全亮笔段。把测试端 TEST 与正电源端 V_+ 短接，使芯片内部的数字变成高电平，全部数字电路停止工作。因每个笔段上均加有直流电压，故全部笔段亮。仪表应显示"1888"，此时小数点驱动电路也不工作。由于 LED 在正常的情况下需用交流方波驱动，而此时为直流电压驱动，因此检查时间必须很短，以免降低 LED 使用寿命。

（4）检查负号及益出显示。将 IN_+ 与负电源 V_- 短接，使 $V_{in}<0V$，且 $|V_{in}|>200mV$。仪表应显示"—1"，表示输入为负电压且超量程。

2）数字万用表的功能和性能指标检测

（1）校准和检测原理：以集成电路 7106 为核心构成的数字万用表基本量程为 220mV 档，其他量程和功能均通过相应转换电路为基本量程。故校准时只需对参考电压 100mV 进行校准即可保证基本精度。其他功能及量程的精确度由相应元器件的精度和正确安装来保证。

（2）使用仪器：KJ802 数字万用表校准测量仪（以下简称校测仪）。注意：该仪器 DCV100mV 档作为校准电压源，内部用电压基准和运放调整，并用高档仪表校准。

（3）装后盖前将转换开关置 200mV 电压挡，插入表笔，将表笔测量端接校测仪的 DCV100mV 插孔，调节万用表内电位器 R_{12} 使表显示 99.9～100.1mV 即可。

检测：将待测万用表置于校测仪相对应挡位，检查显示结果由集成电路和选择外围元器件得到保证，只要安装无误，仅作简单的调整即可达到设计目标。

项　目　评　价

项目评价见表 8-14。

表 8-14　项目评价表

项目名称	数字万用表的制作			自我评分	小组评分	教师评分
评价项目	内容	配分	评分标准			
工作原理	数字万用表工作原理	20	能说明数字万用表的工作原理			
元器件识别与检测	对常用元器件识别检测情况	10	检测错不得分。每错误一处扣 1 分			
电路板的焊接	焊点质量情况、元器件引出端处理情况	15	焊点大小适中，无漏、假、虚、连焊，焊点光滑、圆润、干净，无毛刺；引脚加工尺寸及成形符合工艺要求；导线长度、剥头长度符合工艺要求，芯线完好，捻头镀锡。每错误一处扣 1 分			
数字万用表的装配	元器件引线成形情况、插装位置	10	印制板插件位置正确，元器件极性正确，元器件、导线安装及字标方向均应符合工艺要求；接插件、紧固件安装可靠牢固，印制板安装对位；无烫伤和划伤处，无焊盘脱落；整机清洁无污物。每错误一处扣 1 分			
数字万用表的调试	数字万用表基本功能检测与调试	30	电路工作正常，每错误一处扣 5 分			
安全文明操作	工具的摆放、工具的使用和维护	15	工作台上的工具按要求摆放整齐，工作完成后台面整洁卫生。注意用电安全，各工具的使用应符合安全规范，每错误一处扣 2 分			
其他项目	1. 第一个完成电路安装并检测成功的小组，加 3 分；2. 在完成个人项目前提下，协助老师或帮助其他同学解决问题（安装中的困难）的，经教师确认，加 1～5 分					
合计						
综合评分						

项　目　总　结　与　汇　报

1. 汇报内容

（1）演示制作的项目作品。

（2）讲解项目电路的组成及工作原理。

（3）与大家分享制作、调试中遇到的问题及解决的方法。

2. 汇报要求

（1）演示作品时要边演示边讲解电路的组成及原理。

（2）要重点讲解制作、调试中遇到的问题及解决的方法。

主要参考文献

陈振源.2001.电子技术基础[M].北京:高等教育出版社.

李传珊.2007.新编电子技术项目教程[M].北京:电子工业出版社.

李乃夫.2010.电子技术基础与技能[M].北京:高等教育出版社.

刘婷婷.2012.模拟电路制作与调试项目教程[M].北京:机械工业出版社.

刘勇.2006.数字电路[M].北京:机械工业出版社.

石小法.2002.电子技能与实训[M].北京:高等教育出版社.

王键.2008.电子技能实训教程[M].北京:机械工业出版社.

谢兰清,黎艺华.2013.数字电子技术项目教程:2版[M].北京:电子工业出版社.

徐新艳.2007.数字与脉冲电路:[M].2版.北京:电子工业出版社.

朱向阳,罗国强.2008.实用数字电子技术项目教程[M].北京:科学出版社.